CONTROL
YOUR
OWN
LIFE

改变人生的88堂心理课

周婷 ◎著

中国法制出版社
CHINA LEGAL PUBLISHING HOUSE

图书在版编目(CIP)数据

改变人生的 88 堂心理课 / 周婷著. —北京：中国法制出版社，2021.9
ISBN 978-7-5216-1994-2

Ⅰ.①改⋯　Ⅱ.①周⋯　Ⅲ.①人生哲学—通俗读物　Ⅳ.① B821-49

中国版本图书馆 CIP 数据核字（2021）第 127535 号

责任编辑：陈晓冉　　　　　　　　　　　　　　　　　封面设计：李宁

改变人生的 88 堂心理课
GAIBIAN RENSHENG DE 88 TANG XINLIKE

著者 / 周婷
经销 / 新华书店
印刷 / 三河市国英印务有限公司
开本 / 710 毫米 × 1000 毫米　16 开　　　　　印张 / 14　字数 / 188 千
版次 / 2021 年 9 月第 1 版　　　　　　　　　　2021 年 9 月第 1 次印刷

中国法制出版社出版
书号 ISBN 978-7-5216-1994-2　　　　　　　　　　　　　定价：45.00 元

北京市西城区西便门西里甲 16 号西便门办公区　邮政编码 100053　　传真：010-63141852
网址：http://www.zgfzs.com　　　　　　　　　　　　　编辑部电话：010-63141837
市场营销部电话：010-63141612　　　　　　　　　　　印务部电话：010-63141606

（如有印装质量问题，请与本社印务部联系。）

前言 PREFACE

每个人都渴望拥有属于自己的自由,活出有意义的人生,但并不是所有人都能成功做到这一点。这个高速运转的世界为我们安排了太多的角色,让我们不得不在工作、家庭、交友的舞台上疲于奔命,内心的压力与日俱增,事业、爱情、婚姻、社交出现的种种问题也让我们心力交瘁。在安静独处的时候,我们可能会带着疑惑问自己:"为什么太多的事情不由自己掌控?为什么人生的轨迹脱离了自己的期待?"

这些问题的答案都指向了一个关键词,那就是"改变"。曾几何时,我们失去了对自我、对人生的掌控,开始变得迷茫、焦虑,找不到自己前进的方向,有时甚至会觉得自己所做的事情是无意义、无乐趣的。我们就像是没有了内驱力的船舶,在人生的长河中茫然地漂荡着。

我们需要做出改变,重新认识、接纳自己,对自己的人生负责,才能找回对生活和行动的话语权;根据自己的内心做出选择,并且有足够的能力为这种选择负责,唯有这样,我们才算是成了生活的主人。

然而,做到这一切并不容易,我们需要不断地学习心理学知识,找到破解人生难题的钥匙,之后还要积极地在人生实践中进行训练,才能重新寻获掌控感。

这也是我们编写本书的原因。在这本为你精心准备的《改变人生的88堂心理课》中,作者用朴实却不失生动的言语,真实又发人深省的案例,悉心为你解读了人生中必不可少的88堂心理学课程。这些课程来自作者多年来对心理学的

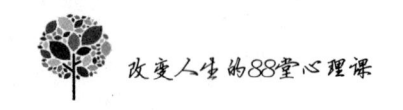

研究和咨询经验，涵盖自我认知、自我发展、动机、思维、行为、情绪、意志力等诸多方面的心理学知识。

阅读的过程宛如一次为心灵充电的旅行，你将在作者的指引下穿越人生发展的各个阶段，看清楚形形色色的问题背后的实质原因；你将倾听自己内心的声音，找到自己真正的需求，从此告别迷茫，走向笃定；你还可以学到很多解决人生难题的心理学技巧，并可以借此机会突破固有思维，提升自我层次，实现过去无法实现的目标。

本书融科学性、趣味性于一炉，无论你是心理学工作者，还是普通的读者，都可以通过作者的悉心讲授，理解和学习到宝贵的心理学知识，再把它运用到自己的实际生活和工作中去。本书将助你成就一个真正自己说了算的人生。

第一章　改变人生，从认清自我开始 / 001

"我"是谁：从心理学角度解读自我 / 002

角色分析：揭开"自我的社会身份" / 004

自我觉察，拥有认识自我的意愿和能力 / 006

走出"盲区"：你对自我的误解有多深 / 010

向外觉察，发现被自己忽略的问题 / 012

正确评估自我：避免过高或过低的评价 / 014

学会接纳自我：坦然接受不完美的自己 / 016

识别人格特质：发现你的 OCEAN / 019

拿掉"人格面具"：你有多久没有做过真正的自己 / 021

实现"本我""自我"与"超我"的平衡 / 024

第二章　自我发展，绘制人生的地图 / 027

关注人生发展阶段，未经省察的人生不值一提 / 028

基本信任感：健康人格的基础 / 030

自主感的形成："我"是自己的主人 / 032

学龄期：跨越自卑与无助，用勤奋改变现状 / 034

自我同一性：解读青春期的密码 / 037

迈入成年早期的挑战：平衡亲密感与孤独感 / 039

成年期：发展"繁殖感"，避免自我停滞 / 041

迎接"成熟期"，以超然的态度对待生活 / 043

在逆境中发现人生重塑的意义 / 046

发挥自主能动性，为人生找到更多可能 / 048

第三章　强化动机，点燃内在驱动力 / 051

认识动机与需要，发现人生的"推动力"/ 052

过度理由效应：外在动机为何会削弱内在动机 / 054

激活内在动机，点燃生命的火种 / 056

设置目标，找到自己的最佳出发点 / 058

掌握"布利斯定理"，做好事前计划 / 061

警惕"半途效应"，别在目标中点半途而废 / 063

耶克斯－多德森定律：找到最佳动机水平 / 065

用"期望价值"激活追求成功的欲望 / 067

不可忽视的"正强化"作用 / 069

用积极的"自我实现预言"逆转人生 / 071

学会正确归因，理性认识成败的原因 / 073

改变负向期待，提升自我效能感 / 076

第四章　进化思维，突破认知局限 / 079

心智模式：根深蒂固的假设影响你的人生 / 080
摆脱应该思维：分清愿望和"应该"，做自己的主人 / 082
跳出绝对化思维：人生并不是非黑即白 / 085
停止恐怖化思维：事情没有你想象的那么糟糕 / 087
停止自动化思维：避免陷入同样的思维怪圈 / 089
打破偏见思维，别让刻板印象束缚你的认知 / 091
尝试逆向思维：从问题的相反面深入探索 / 093
修炼减法思维：解决问题的奥妙就在减法中 / 095
锻炼成长型思维：思维方式蕴含无穷能量 / 097

第五章　改变行为，跳出心理舒适区 / 101

消除惰性，别在心理舒适区中越陷越深 / 102
摆脱非理性行为：走出"沉没成本"的困局 / 104
打破恶性循环，别让不良行为模式愈演愈烈 / 106
性格缺陷改造：塑造良好行为模式 / 108
即时反馈：让你对积极的行为逐渐上瘾 / 110
习惯的力量：重建你的"习惯回路" / 112
心流体验：全神贯注投入你的行为 / 114
改变环境，增加正确行动的概率 / 117

第六章　管理情绪，建立高级平衡力 / 121

情绪诊断：情绪既是信号，也是工具 / 122

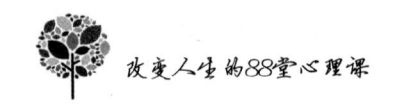

情绪觉察：正确快速地觉察自己的真实情绪 / 124

审视情绪反应：你的情绪反应模式是怎样的 / 126

停止压抑情绪：压抑会让情绪问题愈演愈烈 / 128

梳理情绪：用情绪 ABC 法走出低谷 / 131

自我暗示：最简洁的情绪调节方法 / 133

情绪表达：纾解情绪水位，让心灵松弛 / 135

情绪宣泄：适当发泄，不要让情绪压垮自己 / 137

抑制冲动：从失控的情绪中找回理性 / 139

提升情商：锻造你的"情绪智力" / 141

第七章　加强自控，打造超级意志力 / 145

意志力：自我引导的力量 / 146

意志力是有限的，别轻易透支 / 148

肌肉的魔术：意志力是可以训练的 / 150

专注一心：保护好你的意志力 / 153

取消"心理许可"，从根本上切断"诱惑源" / 155

避免决策疲劳，减少意志力耗损 / 157

蔡氏效应：发挥"有始有终"的力量 / 160

意志力不足时，用他律推动自律 / 162

第八章　认识心理障碍，积极寻求帮助 / 165

直面心理障碍，向心理问题宣战 / 166

缓解焦虑：找回内心的从容淡定 / 167

走出抑郁：重塑自己的内心力量 / 170

战胜恐惧：建立自己想要的安全感 / 173

停止强迫：打开你的"脑锁" / 175

终结"疑病"：停止无缘无故的过度猜疑 / 177

克服童年心理创伤，倾听内心的声音 / 180

超越自卑，找回久违的自信心 / 183

重塑自我意象，减少自我否定 / 185

习得乐观，让自己变得积极起来 / 187

自我同情，体验自我关怀和友善的感觉 / 189

自我对话，成为自己的心理治疗师 / 191

第九章 守住界限，在关系中保持自我 / 195

树立界限意识，保护好自己的"心理领土" / 196

设立界限，找到人与人之间"最舒服的距离" / 198

自我分化，在各种亲密关系中做好自己 / 200

摆脱操纵，找回关系中的主动地位 / 202

不做取悦者，学会对有些事情说"不" / 205

停止过度依赖，重获对人生的掌控感 / 207

化解冲突：开诚布公，卸下心防 / 209

投射效应：不要在关系中以己度人 / 211

享受独处：花点时间看见自己 / 213

CHAPTER 01

第一章

改变人生，从认清自我开始

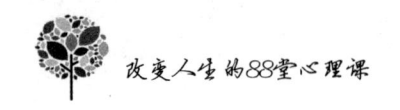

"我"是谁：从心理学角度解读自我

"我是谁？"

"我为什么是我，而不是别人？"

"我为什么能够感知自己的想法、情绪，却不知道别人的感受？"

在人生的某一时刻，我们或许都问过自己这样的问题，却不一定能够说出答案。在去掉姓名这个"代号"之后，我们可能并不了解"真正的自己"是什么样的。

想要解开"自我"这个难解的谜，我们可以从心理学的角度进行分析。在心理学上，"自我"也被称为"自我意识"或"自我概念"，指的是个体对自己的各种身心状态，包括生理状态、心理状态、人际关系和社会角色的认知。

下面，我们不妨拿出纸和笔，给自己 7 分钟的时间，看看自己能不能写出 15 个关于"我是谁"的句子。这个测试看似简单，真正去做的时候，我们却会发现这并不是一件容易的事情，这也说明我们对自我的认知并没有想象中那么清晰。

不管我们写出多少个句子，都可以进行"分类评述"，即将自我意识按照内容分为"生理""心理""社会"。

比如，"我身高 1.7 米，体重 120 斤，身体健康"，这属于"生理自我"的范畴，指的是对自我生理状况的认知。这种类型的认知既包括对自身体貌特征、性别等方面的外观认知，还包括对身体饥饱、冷暖、舒适与否的感觉认知。

又如"我性格内向，不喜欢外出，更愿意独处"，这属于"心理自我"的范畴，指的是对自我心理特征的认知。这种类型的认知包括我们对自己的性格、情绪、能力、知识水平、兴趣爱好等的认知。

再如"我有不少朋友，但只有两个关系最好，算是无话不谈的知己""我是部门经理，主要负责协调部门内和企业内的资源调配"，这些属于"社会自我"的范畴，指的是对人际关系、社会角色等方面的认知。这种类型的认知既包括对自己与他人关系的认识和评价，还包括对自己在社会关系中所处的地位、所发挥作用的认知。

需要指出的是，上述这些自我意识并不是天生就有的，而是从无到有不断发展的。心理学家阿姆斯特丹设计过一个"点红实验"，能够帮我们认识自我意识最初形成的几个阶段。

阿姆斯特丹尝试在3到24个月大的婴儿鼻子上涂上一个没有刺激性的红点，再把他们抱到穿衣镜前，让他们观看镜子中的自己。

结果他发现，12个月以下的婴儿对红点很感兴趣，可他们还无法正确地认知自我，所以他们可能会饶有兴趣地盯着镜子里的自己看，还会把小手伸到镜面上，想要触摸镜子中的"伙伴"。

12到20个月大的婴儿能够发现"镜中人"和自己有对应关系——自己做什么动作，镜中人也会做一样的动作，这让他们非常好奇，但又有些害怕，不敢触碰"镜中人"。

20到24个月大的婴儿能够意识到红点就在自己的鼻子上，他们会看着镜子，同时用手去摸自己的鼻子。

通过这个实验我们能够认识到这样的事实：1岁以内的婴儿还没有萌发自我

意识；儿童长到 1 岁左右，才能够认识到自己是活动的主体，并且把自己和他人分开，这代表着自我意识的萌芽逐渐出现；儿童长到 2 岁左右，自我意识出现了飞跃性的发展，婴儿能够从镜子、照片、录像中认出自己，还能用"我"这个标志性的词语来称呼自己，用"你""他"来称呼别人；儿童长到 3 岁左右，自我意识又有了新的发展，开始出现羞耻感、占有欲，还会表现出较强的自主性，如有的孩子总是喜欢说"让我来"。但这时的自我意识主要是从身体、行为上认识自己，也就是之前提到的"生理自我"。

至于自我意识真正稳定、成熟，还要经过 20 多年的时间，也就是到了青年后期，个体才能从社会和心理层面认识一个比较完善的自我。

角色分析：揭开"自我的社会身份"

想要清晰地认识自我，除了正确解读自我外，我们还需要进行"自我角色"分析。所谓"角色"，简单地说，就是"自我的社会身份"，包括个体在社会关系中所处的特定地位、社会对个体的期待以及个体所扮演的行为模式的综合表现。

具体来看，形形色色的角色又可以被分为以下几类。

1. 按照获得角色的方式，各种角色可以被分为先赋角色和自获角色。

先赋角色是个体出生时即被赋予的角色，如性别角色、血缘关系角色等；自获角色也叫"自致角色"或"成就角色"，指的是个体通过自身的努力或进行过某种活动、做出过某种选择而获得的角色，如学位角色、职业角色、婚姻家庭角色等。

2. 按照角色的规范化程度来划分，各种角色可以被分为规范性角色和开放性角色。

规范性角色会受到严格的行为规范的限制，应该做或不应该做的事情都有明确的界定，如公务员、警察、军人、法官等；开放性角色是比较自由的，没有明确的权利和义务规定，如朋友、同学、顾客、子女等都属于开放性角色。

除了上述几种分类，角色还有"自觉"与"不自觉"之分。如果个体在承担某种角色时，能够意识到自己肩负的责任，也知道他人对自己的角色有什么样的期待，这就属于"自觉角色"；但有的时候，人们并没有意识到自己正在充当某一角色，只是按照习惯来行事，这就属于"不自觉角色"。

此外，人们在扮演各种角色时，还容易出现"角色失调"的情况。也就是说，人们对自我角色职责、义务的认知和社会、他人对该角色的期待不一致。比如，社会期待个体成为有良好价值观念、富有道德感、遵守行为规范的公民，但有的人却做出违背社会道德和公序良俗的行为，这种情况被称为"角色偏差"。

还有一类很常见的"角色失调"的情况是"角色冲突"。比如，在一个公司内，领导希望员工不计报酬、敬业奉献，而员工却期待领导能够给予自己更多的物质和精神奖励，由于两种角色存在利益上的对立，所以很容易发生角色间的冲突。

即便是同一个个体，在扮演几种角色时，也容易出现"多重角色冲突"。比如，一位优秀的教师因为对自己的"职业角色"认知过于深刻，回到家庭中也无法摆脱这种角色，习惯用指导性的口吻对家人说话。如果家人的某些做法不符合他的要求，他还会用不容置疑的语气对家人进行训斥和教导……此时出现在教师身上的就是"职业角色"与"家庭角色"的冲突，这不仅会让教师自己出现适应困难，还会让家人感受到很大的压力，甚至影响家庭关系的和谐。

为了避免角色失调和角色冲突的情况发生，我们需要做好以下两方面的工作。

1. 调整角色期待，采取合作态度。

对于不同个体发生的角色冲突，首先要做的就是调整好各自对他人的角色期

待。比如，领导期待员工为企业做贡献却不愿意拿出激励手段，而员工期待获得报酬却不愿意付出任何努力，这样的期待显然都是不合理的。因此，领导和员工都应当降低对对方的期待，合理地评估自己的行为，以合作的态度解决利益分歧，从而避免很多不必要的冲突。

2.提升角色领悟，合理塑造自我。

个体对自己扮演的角色认识不清，不明白自己应当承担的义务，无法满足他人对自己的期待，从而引起适应不良问题，如个体出现焦虑、不满足感等应激反应。此时，个体应当对自己重新进行角色定位，并根据他人的反应不断调整，最终塑造出一个与角色相符的自我。

在做好上述两方面的工作后，我们还应当积极地进行"角色实践"，也就是在社会行动中不断深化自己对角色的理解和领悟，直到形成习惯。这样一来，我们不但能从心理上真正接受这个角色，还能够获得社会大众对角色的认可，有助于保持心理上的健康和平衡。

自我觉察，拥有认识自我的意愿和能力

在完成了"自我"与"角色"的解读和分析工作后，我们还需要锻炼"自我觉察"能力。

所谓自我觉察，就是有清晰地认识自我的意愿和能力，愿意把"自我"当成观察对象，关注自己，向内探索自己，学会辨别、思考、反省自己的情绪、行为、想法，进而能够了解自己真实的需求、信念、价值观。

27岁的陈杰一直认为自己是一个很"佛系"的人，没有追求"成功"的欲望，

平时不争不抢,还常常说"平淡也是一种快乐"。

陈杰的这种性格形成于学生时代,那时候他学习成绩一般,经常被老师和父母批评。父母还常用"别人家的孩子"来刺激他的自尊心,希望他能够鼓起勇气、奋起直追。可陈杰很反感父母的这种行为,还产生了逆反心理——更加不愿意努力学习了。但当成绩日渐退步时,陈杰心里也会觉得不舒服,他还这样安慰自己:"其实我只是不想用功,但凡我再努力一点,肯定能够赶超他们。"

就这样,陈杰逐渐变成了一个不思进取的人,而"佛系"成了他最佳的保护色。大学期间,他经常旷课,成绩很差。看到同学们有的考研成功,有的找到理想的工作,他心中有些刺痛的感觉,却硬着头皮说:"我要不是太爱玩,成绩肯定比他们好。"

参加工作后,陈杰还是这样得过且过地混日子。直到有一天,领导问他愿不愿意承担一个项目,陈杰犹豫了一阵子,便准备开口拒绝。领导看到他的表情,语重心长地说:"你究竟是不想努力,还是害怕接受挑战,害怕自己会输?"

一句话让陈杰如梦初醒。从这天起,他开始重新审视"自我",忽然发现自己在"佛系"的背后,藏着强烈的恐惧和自卑心理。他其实很害怕遭遇失败,为了避免失败带来的痛苦,便用"不努力"作为借口,这样可以让自己获得一种虚假的慰藉。可也因为这个借口,他错失了人生中很多宝贵的机会,也限制了自己的发展。

此后,陈杰就像换了一个人似的,变得积极、上进,他主动请缨,接受了那个有难度的项目。虽然在完成项目期间遇到了很多困难,但他最终还是找到了解决问题的办法,向领导交出了一份满意的答卷……

案例中的陈杰通过自我觉察,对自己的行为、感受、想法有了更深层次的理解，而这种自我觉察将会影响他今后的很多重大选择和决定，会让他的人生出现与过去截然不同的变化。

如果我们在工作、生活中遇到难以解决的问题，感到困惑、迷茫的时候，不妨像陈杰一样先学会自我觉察，再寻找解决方案。

自我觉察将让我们对自己有更加清晰、准确的认识，使我们在面对抉择时做出更加明智的决策；自我觉察还能帮助我们建立起质量更高、更能让自己满意的人际关系和职业关系；我们将拥有更好的职业发展前景，也会变得更加积极、乐观和自信。

正是因为这样，自我觉察才会被众多心理学家称为"21世纪重要的技能之一"。著名组织心理学家塔莎·欧里希更是在她的作品《真相与错觉》中提出了"洞察七柱"的概念，指导我们从以下七个维度全面、深入地进行自我觉察。

1. 觉察自我价值观。

你会如何评价人、事、物的意义和重要性？你的看法构成了独属于自己的价值观体系，而它会悄悄地影响你的选择和行为模式。比如，同样是做一份工作，员工A更看重立等可取的收益，员工B更看重个人在未来的发展前景，两人选择了不同的成长路线，最终的人生收获也大不相同。

价值观虽然没有对错之分，但我们想要突破自我，达到更高的层次，就应当觉察自我价值观，并想办法改变或升级价值观，才能更好地解决自己面临的人生问题。

2. 觉察自我热情。

你真正热爱的事情是什么？对于自己热爱的事物，人们总是愿意付出更多的时间和精力去探索，在这个过程中，人们不但不会感到疲倦、烦闷，反而会充满激情，因而更容易做出成果。所以你需要去觉察这一点，以便找到更适合自己发展的机会。

3. 觉察自我抱负。

你真正希望从工作中获得什么？你需要静下心来思考这个问题的答案，它能够让你发现自己真正的抱负是什么，也能让你停止浑浑噩噩地浪费生命，重新焕发出激情和活力。

4. 觉察自我与环境的匹配度。

对你而言，最理想的环境是怎样的？善于自我觉察的人对这个问题有着清晰的认识，知道自己处于怎样的环境中是最快乐、最有动力的，因而可以着手调整环境中的各种因素，让自己的学习和工作效率大幅提升。

5. 觉察自我行为模式。

你有哪些固有的不良行为模式？比如，在人际交往中你总是被动等待别人来接触自己，却永远不愿踏出第一步，这就是一种不良的行为模式，需要及时进行自我察觉并改进。同样，我们在工作、学习、阅读、恋爱、生活等众多方面都会存在各种不良的行为模式，我们需要客观地自我觉察，才能锁定这些问题。

6. 觉察自我反应。

在某些刺激因素的影响下，你会做出怎样的反应？比如，听到他人的批评后，有的人会立刻做出激进的反应——变得情绪暴怒、攻击性强，这样的自我反应就是需要觉察并改进的。

7. 觉察自我影响力。

你对身边的人有怎样的影响力？你可以从他人对自己的态度来觉察影响力，并可以控制好这种影响力，这可以帮你收获更多的认可，有助于树立起良好的口碑，还能帮你在某个领域获得更多的话语权，因而更容易达成自己的目标。

了解了"洞察七柱"理论之后，我们可以经常从这七个维度进行自我觉察，这可以帮我们客观、全面地认识自我，并能为自我成长、自我发展提供不竭的动力。

走出"盲区":你对自我的误解有多深

尽管我们已经学会了自我觉察的方法,但这并不意味着我们可以掉以轻心。在现实生活中,很多人认为自己有着不错的自我觉察能力,可真实情况却恰恰相反。

心理学家曾经进行过自我觉察能力的调研,他们以随机挑选的 80 万人为调研样本,对他们进行了问卷测试。其中包括这样的一些问题,如"你认为自己与他人相处的能力如何?是低于平均水平、一般,还是高于平均水平?"

"你认为自己与同事相比,更聪明、更好看、更健康吗?"

"你认为自己是个有幽默感的人吗?"

"你擅长阅读、驾车、下棋、打网球吗?"

……

测试结果显示,大多数人不但无法清晰、准确地觉察自我,反而容易走入"盲区",即自我感觉过分良好,对自己做出了明显高于事实情况的评价。

比如,样本中有 95% 以上的人认为自己与他人相处的能力远高于平均水平,可仅仅从理论上看,这样的数据是不合理的。因为"平均"就意味着将人群一分两半,能够处于平均线以上的人仅有 49%,可见有很多人觉得自己"优于平均"其实是一种错觉。

人们在自我觉察时容易走入"盲区",常常是以下几方面的原因造成的。

第一,无法专注觉察自我。自我觉察不是一蹴而就的事情,需要我们付出时间和精力耐心地审视、探索自我,但这对于习惯了快节奏生活的都市人来说,无疑是一件非常困难的事情。再加上生活中存在太多的干扰源,使人们无法专注觉察自我，也就很容易出现认知偏差问题。

第二，无法诚实接纳自我。对于那些习惯美化自我的人来说，真实的自我可能会让他们感到非常失望，所以即便他们能够觉察到一定的自我，也会拒绝承认和接纳，宁愿活在虚假的幻想中。

第三，无法准确认知自我。有的人看问题比较简单，思维幼稚化、偏激化，不能接受和理解复杂的事物，也就无法很好地完成觉察自我的任务。

那么，有没有什么办法能够帮助我们走出"盲区"，解除对自己的误解呢？这就需要心理学中的"乔哈里视窗"来帮忙了。"乔哈里视窗"是心理学家乔瑟夫和哈里在20世纪50年代提出的，它也被称为"自我意识的发现—反馈模型"。这个模型将"自我"分为四个部分。

1. 公开的自我。

指的是别人知道，自己也知道的那部分自我。就像个人的姓名、性别、兴趣爱好、家庭情况、求学经历、工作职位，等等。这部分自我的暴露并不会给我们造成心理压力，我们可以根据与他人关系的亲疏远近，有选择性地公开部分信息，以拉近彼此之间的距离。

2. 盲目的自我。

指的是别人知道，但自己却不知道的那部分自我。苏轼的《题西林壁》中有这样一句诗："不识庐山真面目，只缘身在此山中"，我们在认识自我时也同样存在这样的问题，即常常看不到自己身上的弱点、坏习惯，这部分自我在他人眼中却是一览无余的。但他人为了不影响彼此关系的和谐，一般不会对我们直言相告，这也会让我们变得越来越盲目。

3. 隐藏的自我。

指的是别人不知道，但自己知道的那部分自我。每个人都有想要保护的隐私，也有一些不希望被人知晓的过往经历、想法、欲望，等等，我们会极力掩盖这部

分自我，生怕被他人知道后给自己带来一些不好的影响。

4. 未知的自我。

指的是别人不知道，自己也不知道的那部分自我。像我们的一些潜在的能力、个性等都属于未知的自我，这是一片全新的领域，等待着我们去挖掘和探索。

也就是说，在进行自我觉察时，我们除了可以用"洞察七柱"来认识自我，还可以从"乔哈里视窗"来剖析自我，这会让自我觉察变得更加全面，有助于避免"错觉"和误解的产生。

向外觉察，发现被自己忽略的问题

自我觉察有向内觉察，也有向外觉察，即从他人眼中洞察一个更加全面的"我"。这可以让我们避免过于主观，有助于发现很多之前被忽略的问题。

李涛今年33岁，在一家颇有名气的企业工作。李涛学历不高，能够获得这样的工作很不容易，所以他非常珍惜这个机会。他每天早上第一个来上班，晚上其他同事陆续下班离开，他还要主动加一会儿班。

他是部门中最勤恳、最任劳任怨的员工，可遗憾的是，他却一直没能获得晋升。眼看着比自己晚入职的同事纷纷升职加薪，他心中觉得十分委屈，忍不住向身边的同事抱怨，可他"祥林嫂"似的诉苦却让很多同事感到头疼，都尽量避免与他接触，这让他更难过、更郁闷。

看到李涛整日沉浸在抱怨、痛苦中无法自拔，一位多年好友忍不住说了真心话："我知道你很勤奋，也很辛苦，但你的忙碌没有产生实际的效果。的确，你每天都会加班，可加班之后拿出的工作成果，却和不加班的人差不多，你觉得领导会怎么想？"

初听完朋友的话，李涛还有些恼怒，可静下心来细想，他却不得不承认朋友说的都是事实。这些问题想必领导、同事也都看在眼里，可为了照顾他的情绪，大家都不忍心"打击他"，而他也一直被自己"勤奋"的假象迷惑着，看不透症结所在。

从这天起，李涛下定决心改变自己的工作模式，他不再抱怨，而是悉心听取各方意见，从同事、领导、朋友、家人口中全面了解自己是一个怎样的人，进而不断改进和完善自我，这让工作效率有了很大的提升，人际关系、家庭关系也有了较大的改善。

这个案例提醒了我们，在进行自我觉察时，仅仅做好向内的审视和认知还是不够的，我们还需要以他人为镜，来发现自己看不透的真相。

为此，心理学家提出了"360°反馈法"，帮助我们广泛采纳生活中遇到的各种人对我们的看法。比如，我们可以主动与伴侣、亲人、朋友、老师、同事进行沟通，从他们的话语中侧面了解自我。

不过，这类与我们相熟的人常常会有一些顾虑，如害怕伤害我们的情感，害怕说真话会得罪我们。为了鼓励他们畅所欲言，我们可以采用以下这些办法。

第一，在沟通中先主动进行自我批评，表明自己的诚意，再鼓励他人对自己提意见，从而减少对方的心理负担，愿意向我们坦陈自己的看法。

第二，注意选择轻松的沟通氛围。比如，在晚餐时，当你感觉气氛非常放松时，可以请家人或朋友说一件自己做得不好的事情，或是指出自己的一个缺点，此时自己的态度要表现得和蔼、真诚，才能促使对方敞开心扉说实话。

第三，心理学家还建议我们制作一份调查表格，将自己想要了解的与自我有关的问题写在上面，再请熟人匿名填写，这样收集到的信息会更加客观。

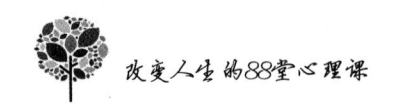

无论采用哪一种方法，在获得了他人的意见后，我们都需要进行鉴别，将那些不够客观的意见排除在外。比如，有的人出于嫉妒心理或其他原因，只会给出一些带有恶意的指责，对我们没有任何帮助；还有的人因为"光环效应"的影响，只能看到我们身上美好的一面，倾向于对我们进行过度的赞美，这也无法让我们得到提升。所以我们应当剔除这两类意见，将向外觉察的重点集中在那些真实的、有建设性的意见上。

当然，这类意见有时候也会显得"很不中听"，会让我们的自尊心受到一定的伤害，但我们应当注意从理性的角度看待问题，不要急于表现出愤怒的情绪，或是对提意见的人施加压力。我们应当认真聆听、诚恳接受，再根据这些意见进行适当的自我调整，才算是完成了一次真正的向外觉察。

正确评估自我：避免过高或过低的评价

根据自我觉察、自我认知得到的结果，我们可以对自我进行一番评估，这对个人的成长和发展有着特殊的意义：能够正确评估自我，在待人接物时表现得更加自信，处理问题也会更有掌控感，而这对事业的进步和生活的美满都会有极大的好处。

相反，若是一个人不能正确地评估自我，就容易产生心理障碍，要么表现出对自我的不满和排斥，要么自我感觉过于良好，表现得高傲自大、目空一切。因此，我们应当学会客观地评估自我，这样才能更好地把握自我、发展自我。

潘雨刚大学毕业一年，在一家文化公司担任行政助理。对于这份工作她并不满意，因为她不喜欢压抑的工作氛围和对自己要求苛刻的领导，同事们在她看来也都是些"庸人"。她总觉得自己是最优秀的,凭着自己的能力,完全可以换一个更好的环境。可她悄悄寄出了很多求职信,却一直没有得到回应。潘雨没有去反思自己身上出现的问题,反而认为是那些公司的人事缺乏识人的眼光。

她对现状也更加不满,对待工作敷衍了事。而且她遇事总喜欢自己找解决办法,不肯虚心向同事请教,更听不进任何意见。她总觉得自己的看法已经远超他人,自己都做不好的事情,别人也给不了什么帮助,不难想象她的这些表现会让同事产生怎样的反感。

时间一天天过去,潘雨在这个"平凡"的岗位上并没有做出什么过人的业绩。她自己也很苦恼,经常说:"我比很多人都要有能力得多,可为什么在工作中却没有得心应手的感觉呢?"

潘雨对现状严重不满,认为这份工作完全不能体现自我的价值,其实这是典型的自我评估过高。她过分抬高了自己的能力水平,并总是看低他人,不愿从他人那里寻求帮助,这种情况在心理学上被称为"自我服务偏见(自利性偏差)"。在这种偏见的引导下,潘雨无法客观地看待事实真相和自我能力,不知道该如何提升自我;偏见还会影响她对待他人的态度,使她难以拥有和谐的人际关系。

还有一类人的情况与潘雨完全相反,他们习惯过低地评估自我,认为自己在各方面都不如别人,有时甚至会毫无根据地臆想出许多弱点,常常拿自己的短处与他人的长处相比。特别是在遭受挫折的时候,他们更是会认为自己一无是处,并会由此引发自卑心理和抑郁情绪。之后还会失去自信心,对那些在自己能力范围内的任务也不敢接受。

很显然,过高或过低的自我评估都不利于个人的成长和发展。那么,我们应当如何做出符合实际的自我评估呢?

1. 客观地评估自我。

正确认识和评估自己的关键是要注意实事求是，即既不要高估自己的知识水平、专业特长、智力情况、能力特点，也不要妄自菲薄，过分贬低自己。

2. 全面地评估自我。

我们应当对自己和他人做出全面的、一分为二的评估，也就是既要看到自己和他人的长处、优点，也要看到各自的短处、缺点。我们还要诚实面对自身的短处，要拿出勇气去突破自我，做到扬长避短，才能真正地认识和确立自己的价值。

3. 在多重比较中评估自我。

我们可以将自己的情况与他人进行比较，但要注意选择合适的对象。比如，要和家庭条件相似、接受过同等教育、发展起点大致相同的对象比较，而且在比较时一定要摒弃"与人一争高低"的心态，要从各个方面进行多重比较，而不要仅仅从某一个方面出发断定自己"比他人强"或"不如他人"。

4. 用发展的眼光看待自己。

在进行自我评估的时候，我们还要避免用静止的眼光看问题。比如，不能因为自己在某一方面有较大欠缺就感到悲观、失望，觉得这种情况是不可改变的。事实上，人不可能是静止不变的，我们应当树立自我改进和自我完善的信心，努力发挥自己的潜能，这样才能使自己的能力得到充分的发展。

学会接纳自我：坦然接受不完美的自己

在评估自我之后，我们要做的是欣然接纳自我。有不少人在这方面有所欠缺，他们不能接受自己身上的缺点和不足，会为此产生羞耻感、低自我价值感，并会为一个不够完美的"我"懊恼、抱怨不已。可事实上，每一个"我"都是独一无二的，我们应当快乐地接受自己、欣赏自己，才能更加从容地生活。

19岁的唐娜是一名大一新生。上高中之前，她是一个活泼开朗的女孩，身边有不少人夸奖她长相漂亮、性格可爱，她对自己也很满意。

可在上高二时她生了一场大病，为了治病耽误了学业，成绩严重下降。此外，治疗期间她因为服用药物变胖了。后来她逐渐康复，可体型和成绩在短时间内得不到改善，她为此感到十分沮丧、痛苦，总觉得同学会嘲笑自己"变丑了""变笨了"。

为了躲开同学们，高考报志愿时她特意选择了一所离家很远的大学读书。可换了一个新环境后，她的心情却没有得到明显好转。她觉得宿舍里的几个同学都比自己漂亮、优秀，还猜测她们可能会在背后讨论自己的容貌。虽然她没有足够的证据证明这一点，却还是对舍友产生了敌意，很少与她们交往，在宿舍里也不爱说话。有时舍友主动邀请她一起去食堂、教室，她也会冷淡地拒绝。时间长了，舍友不再主动与她交流，平时有活动也不会叫上她。她又觉得自己被舍友孤立了，内心更加自卑、彷徨。

一场疾病打破了唐娜从小形成的优越感，让她被自己容貌的缺点所困扰，无法坦然接受自己的现状。由于没能及时进行自我心理调整，这种情况变得越来越严重，她开始变得自卑、敏感，对他人充满猜疑心理，无法与他人进行正常的沟通和交往。

造成这一切的根本原因就是无法接纳自我，只因为接受不了自己的身材和容貌，唐娜就对自己产生了否定和批判的态度，完全看不到自己身上的优点、长处，这其实是非常可悲的。

想要避免出现这样的问题，我们应当学会接纳一个不完美甚至是有瑕疵的自我。

1.接纳自己的外貌。

在这个"看脸"的时代，有越来越多的人会对自己的容貌、身材感到不满，甚至会发展为"容貌焦虑"这样的心理问题。这类人最需要的就是接纳自己的外貌，学会欣赏自己身上独特的美感。与此同时，这类人还应当注意摆脱"聚光灯效应"，也就是说，不要总是想象自己正站在聚光灯下任人打量，其实人们并没有我们想象中那么关注自己。

2.接纳自己的能力。

我们应当客观衡量自己的能力，要能够欣赏、相信自己具备的能力，并能够对此怀有积极的想法和感受。与此同时，我们也需要了解自己目前的能力界限在哪里，然后坦然地承认这一点，如果暂时做不到能力范围外的事情，也不必产生强烈的自责情绪和挫败感。

3.接纳自己的情绪。

我们要接纳自己的情绪，不要急于对各种情绪感受下结论，给它贴上"错误的"或"有害的"标签。情绪本无对错，每一种情绪都有其价值和功能，需要我们的理解。我们也不能刻意压抑某些情绪。情绪只能被疏导，不能被强行打压、控制，否则它很有可能会在我们意想不到的时候突然爆发，造成更加严重的后果。

除此以外，我们还需要学会接纳不完美的现状。其实，没有谁的人生是一帆风顺的，在工作、生活中遇到不顺心的事情是很正常的，怨天尤人改变不了任何问题。我们只能学会接纳现状，以积极的态度去改变现状，从而走出人生的阴霾。

识别人格特质：发现你的 OCEAN

在尝试认清自我的过程中，我们常常会用各种各样的词语来描述自己，如"聪慧的""情绪稳定的""有恒心的""自律性强的""敏感的"等。

这些词语其实就是我们的"人格特质"，也就是在各种情境下，我们的行为所具有的持久、稳定、一致的特点。心理学家对人格特质有不同的分类，其中最有影响力的是人格的"大五模型"，也就是用五种特质来涵盖人格描述的所有方面。由于这五种特质的英文首字母组合起来恰好是单词"OCEAN"（海洋），所以大五人格又被称为"人格的海洋"。

具体来看，大五人格包括以下这五种具有普遍性的特质。

1. 开放性（Openness）。

开放性高的人富有较强的想象力，思想比较开放，喜欢尝试新鲜事物；他们的感受力也很强，在欣赏艺术作品时会有丰富、细腻的体验；他们对自我的内在情绪和心理变化也有好奇心，并且乐于了解他人内心真正想要表达的是什么。

开放性低的人则正好相反，他们讲求实际、不喜欢突破常规，一般表现得比较传统、保守，对不熟悉或不符合自己价值观的人持怀疑、警惕的态度，也不善于感受自己和他人的内心世界。

2. 责任心（Conscientiousness）。

责任心强的人对自己的能力充满自信，平时能够管理好自己的生活，表现得高效、有条不紊；而且他们有较高的责任感和自律性，能够自觉约束自己的行为，愿意遵守规矩、条例，并会通过努力工作实现自己的目标。

责任心弱的人对自身能力不够自信，也不认为能够控制好自己的工作和生活。他们在做事时常显得没有章法，有时还会有懒惰、拖延的问题，遇到困难容易半途而废。

3. 外倾性（Extraversion）。

外倾性高的人常表现得热情、友好、情绪积极、充满活力、喜欢追求刺激；他们善于社交，也容易和他人建立比较亲密的关系；他们还具有"乐群性"，即喜欢他人陪伴，人越多就越开心；在与他人相处时，他们喜欢处于支配地位，会用有说服力的话语影响他人的行为。

与外倾性高的人相比，内倾性高的人显得比较冷淡、不够友好、缺乏活力、情绪消极；他们更喜欢避开人群，一个人独处；身处人群中时，他们很少发表自己的意见。

4. 宜人性（Agreeableness）。

宜人性高的人为人谦逊、坦诚，富有同情心，更容易信任他人，在交往时不喜欢自我掩饰；他们会主动关心别人，表现得慷慨大方、坦率真诚；有时他们为了不与他人发生冲突，甚至会放弃自己的立场，表现出顺从性。

宜人性低的人防卫心理较重，同情心不足，也不容易相信他人，在交往时会掩饰自己，不会透露自己的底牌；他们不愿意卷入别人的麻烦中，觉得帮助别人是一种负担；他们更喜欢强调自我立场，在遭到冒犯时会毫不客气地表示愤怒。

5. 神经质或情绪稳定性（Neuroticism）。

高神经质的人容易感到焦虑、紧张、恐惧，他们不善于控制情绪，容易发火或向他人表示敌意，受到打击后容易感到沮丧、内疚、绝望；在与人相处时特别关心他人对自己的看法，害怕遭到嘲笑，因而容易产生自卑感，并会有害羞、尴尬的情绪体验；他们应对压力的能力也较差，遇到困难后会表现得脆弱、惊慌失措。

低神经质的人心态比较温和，能够控制好自己的情绪，不容易出现抑郁的情绪体验；在与人交往时表现得镇定从容，不容易害羞、紧张；应对压力的能力较好，能够以清醒的头脑处理困难情况。

上述这五种人格特质每个人其实都具备，只是在表现程度上会有所差异，我们不妨"对号入座"，来识别一下自己的人格特质。另外，大五人格也能为人生中的很多问题提供答案，比如学习成绩不佳的人往往具有低开放性、低责任心的特质；而高神经质、低责任心的人更容易受到拖延的困扰；高外倾性、高宜人性以及高责任心的人通常更容易拥有愉快的人际关系……我们可以据此更加全面地分析自己的优缺点，并想出一些改进的办法。

拿掉"人格面具"：你有多久没有做过真正的自己

你听说过"人格面具"这个词吗？它来源于希腊文，本义是演员为了扮演某一个特殊的角色而戴上相应的面具，以更好地体现角色的人格。在心理学家荣格看来，即使在舞台之外，人们也会有意无意地为自己戴上"人格面具"，以便适应不同的场合、对象、活动和角色的需要。

26岁的职员章磊觉得自己活得"不够真实"。小时候在父母和长辈面前，他是一个十分老实、本分的孩子，有时显得有些内向；在老师面前，他是一个成绩优秀、行为规矩的好学生；可在几个好朋友面前，他却表现得十分叛逆。只不过老师和家长从来不知道他在背地里还有这样的一面。

步入社会后，章磊发现自己身上出现了更多的"另一面"。在人多的场合，

他表现得非常外向，和谁都能聊得来，是公认的交际高手；可是在私下朋友聚会时，他又总是沉默寡言，甘心做一个倾听者，默默倾听朋友们的心声。

在独处的时候，章磊会有些迷茫、困惑的感觉。他心中常常会涌现出这样的问题："我为什么会有这么多截然不同的'面孔'？真实的我到底是什么样的呢？"

心理学家认为，"人格面具"在本质上是心理防御机制的外在体现。当人处于不同的场合，面对不同的对象时，会出现不同的心理防御机制，也就会戴上不同的"人格面具"。拥有了"面具"，人们才能更好地适应周围的环境，从而与其他人甚至是自己不喜欢的人和睦共处；"人格面具"还能够体现出一些良好的特质或性格，这能够帮助一个人获得社会公众的认可，对个人的发展也是非常有利的。

不过，"人格面具"有时也会产生消极的作用。比如，一个人过分热衷和沉湎于自己当前的"人格面具"时，他人格的其他方面就会受到排斥，而且他还会对真实的自我产生深刻的怀疑。

心理学家温尼科特指出，"真自我"是一种对于自我的自发、真诚的体验，如果一个人不能接受"真自我"，不能按照自己原本的样子去生活，就会丧失"现实感"。也就是说，他的行为是基于对他人感受的揣测做出的，而不是从自我感受出发做出的。

如果这种情况发展到十分严重的地步，一个人就会完全丧失"自发性"，无法体会自己真正需要的是什么，也无法从现有的关系中获得幸福感。他的内心会变得非常空虚，还有可能出现焦虑、易怒、忧郁、孤独等心理健康问题。

因此，为了更好地掌控自己的人生，我们需要摆脱"人格面具"的消极作用，发挥其积极作用，而这需要我们做到以下两点。

1.避免"人格面具"的过度膨胀。

对某种"人格面具"过于专注、过于倾心,在意识中将自身完全视同"人格面具"所扮演的角色,这种情况就是"人格面具过度膨胀",它对心理健康的危害是显而易见的。想要避免的话,我们必须注意分清"人格面具"和"真自我",而这需要我们充分认同自己的内心,不要轻易受到他人评价的干扰。

以下这三个问题可以帮助我们更好地辨识"真自我"。

问题一:我们的社会身份是什么,需要匹配哪些能力?(这可以帮我们找出为了赢得他人称赞、满足他人期望而产生的"人格面具")

问题二:我们曾经因为自己的性格遭受过什么样的指责?(这可以帮我们找到那些被自己刻意掩藏的"人格面具")

问题三:在受到赞美或遭到指责前后,自身发生过哪些改变?(这可以帮我们发现"假自我"是如何形成的)

2.建立积极的心理防御机制。

不成熟的心理防御机制或消极防御机制,如"退行""否定""压抑"等会损害心理健康,更会让我们在社会交往、自我提升等方面遇到重重障碍。比如,在遭遇挫折时,因为没有勇气去面对,就戴上"弱者"的"人格面具",采取一些比较原始和幼稚的行为反应,像哭闹、耍赖等,以逃避现状或赢得他人的同情。这就是退行心理机制造成的后果,它不但会让一个人变得越来越脆弱,还会引起他人的反感和轻视,对个人的成长、发展十分不利。

所以我们应当学着建立积极的心理防御机制,比如可以采用积极的补偿机制——在遭受失败、挫折,产生愤怒、焦虑、痛苦的情绪时,让自己戴上"强者"的"人格面具",不屈服、不甘于现状,努力寻求突围,以获得心理补偿。这不但能够让我们快速摆脱不良局面,还能提升自我能力、促进个人成长。

此外,我们还要记得提醒自己,在辗转于各个"人格面具"之间,感觉疲惫、

迷茫的时候，不妨在适当的环境中，放下一些过于强烈的目的，将"人格面具"卸下来，做回那个"真自我"，这会让自己有一种解脱感和愉悦感，对保持心理健康很有帮助。

实现"本我""自我"与"超我"的平衡

其实"自我"只是人格的一个层面，根据精神分析学派创始人弗洛伊德的"人格结构理论"，人格被分为了"本我""自我""超我"这三个层次。弄清这三者之间的关系，能够让我们更好地保持内心的平衡和精神的稳定。

所谓"本我"，就是"本能的我"，它是人格中最原始的部分，位于人格结构的基础层面，像先天的本能、欲望、冲动、生理需求等，都属于"本我"的范畴。本我遵循着"享乐原则"，不受社会道德、行为规范的约束。也就是说，本我唯一的要求是获得满足和快感，避免痛苦。婴幼儿的精神人格就是本我的最佳体现，他们不会去理睬大人口中的规矩、道德，只会在本能的驱使下，肆意去做一些让自己感到快乐的事情。不过，随着婴幼儿年龄逐渐增长，社会经验不断增加，再加上家长、老师对其进行不断的教育和引导，他们会逐渐控制自己的"本我"，并能够从"本我"中分化出"自我"。

"自我"，可以被称为"现实的我"，位于人格结构的中间层，是在后天的学习和与环境的接触中发展起来的。"自我"遵循"现实原则"，能够根据现实情况约束"本我"，让自己能够以合理的、理性的方式满足需求，获得快乐。

"超我"也被称为"理想的我"，位于人格结构的最高层，是从"自我"中分化和发展而来的。"超我"与"本我"恰好相反，它遵循"完美原则"，会始终恪守社会伦理道德、行为规范和价值观念，使我们不会做出违背"良心"和"道德"

的事情。

一天，小明在马路上看到了一个无主的钱包，钱包鼓鼓的，里面应该装了不少钱。此时"本我"告诉他："趁着现在没人注意，快把钱包拿走，里面的钱就归我了。"

可"超我"会立刻表示反对，并会义正词严地批评道："我不能这么做，这是不符合道德规范的，我应当守着钱包，就地等待失主。"

"本我"和"超我"的意见完全相反，谁也说服不了谁。此时，"自我"便会出面协调："我确实不应当将别人的钱据为己有，但原地等待也实在是浪费时间，很不现实，所以我应当把钱包交到最近的派出所，这样既符合道德的要求，又不会让自己付出过多时间和精力。"

"本我""自我""超我"构成了完整的人格，我们的一切心理活动都能够从三者的联系中得到合理的解释。比如，"本我"驱使我们满足自身生存的基本需求，是我们存在和发展的原动力；而"超我"能够监督、控制我们的行为不越界，让我们能够得到社会大众的认可，并保持良好的人际关系；"自我"则能够调节"本我"与"超我"之间的矛盾，促使人格内部保持协调，不会出现心理异常。

当然，由"本我""自我""超我"构成的人格结构又不是静止的，整个"系统"始终处于相互冲突—相互协调的矛盾运动中。比如，"自我"一方面能够调节本我，另一方面又受制于"超我"。如果"自我"没有控制住"本我"，使我们在冲动的支配下做出了错误的行为，"超我"就会通过内疚感和罪恶感对"自我"进行抨击，促使我们对自己的行为进行反思。

如果"超我"带来的压力太大，让我们陷入不断的自我检讨、自我责备中，

又会引发焦虑、烦躁等情绪，此时"自我"便会启动否认、抵消、投射、升华等心理防御机制，以减少冲突、恢复心理上的平衡。

所以，在内心陷入纠结时，我们应当及时进行自我调节，使"本我""超我""自我"能够彼此接纳、相互支持，这样我们的人格才会稳定、健康，从而实现更好的成长和发展。

CHAPTER 02

第二章
自我发展，绘制人生的地图

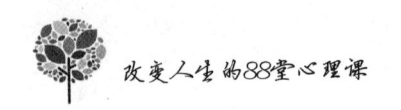

关注人生发展阶段，未经省察的人生不值一提

在人生中的某个时刻，你是否问过自己这样的问题："为什么我会有现在这样的性格和人生观？""我的心理品质有哪些是积极的，哪些是消极的？""这些心理特质又是在哪个年龄段形成的呢？"想要解开这些难题，我们就需要了解一下著名心理学家埃里克森提出的"人格终生发展论"。

埃里克森从发展变化的角度看待个体内在心理的成长，认为自我意识的发展持续人的一生，而且可以被划分为八个阶段，每一个阶段都会受到前一阶段发展情况的影响，也会对下一阶段产生影响。而且在每一个发展阶段，个体都会面临特定的心理危机，只有恰当地解决危机，才能对人格产生积极的影响。

为了便于理解，我们不妨想象一下"玩过关游戏"的情景：每一个关卡都有终极怪兽，如果我们能够成功打败怪兽，就能让自己变得更加强大，也能够顺利进入下一关，接受难度更高的任务；可要是不幸失败了，在下一关卡就会遇到很多麻烦，人生之路也会走得磕磕绊绊、十分糟糕。

那么，埃里克森究竟将人生历程分成了哪八个阶段呢？

1. 婴儿期（0至1岁）。

在这一阶段，婴儿要面对的是"信任对怀疑"的危机。当婴儿感到饿了、冷了，或是孤独害怕的时候，父母能够及时出现给予呵护和照顾，有助于婴儿建立对身边世界的最初的信任感，并能够与父母形成良好的亲子关系，这对其下一阶段自主性的顺利发展是非常有利的。

2. 儿童期（1 至 3 岁）。

在这一阶段，主要的心理危机是"自主对羞愧"之间的冲突。儿童开始学会坚持和放弃，他们会表现出"自我意志"，用"我要"或"我不"来对抗外界控制。父母此时应当掌握好教养的尺度：过于放纵不利于儿童形成良好的生活习惯，过于严厉又会让他们变得内向、害羞，甚至会对自身能力产生怀疑，不利于顺利进入下一阶段——学龄初期。

3. 学龄初期（3 至 5 岁）。

在这一阶段，孩子要面对的是"主动对内疚"的危机。如果他们主动探究世界的行为得到了成人的鼓励，他们会变得更有自主性、创造力和自信心。但要是受到成人的批评、嘲笑或惩罚，他们就会对自己的行为产生内疚感，以后也不敢越雷池一步。

4. 学龄期（5 至 12 岁）。

在这一阶段，孩子要面对的是"勤奋对自卑"的危机。如果孩子能够适应校园生活，通过勤奋学习取得了较好的成绩，就会变得更加积极，对克服困难、完成目标充满信心。可要是学龄期基础没有打好，没能养成良好的学习习惯，也未能获得成功的体验（学习成绩不佳），孩子就会变得自卑，甚至对自己有很多不好的评价。

5. 青春期（12 至 18 岁）。

在这一阶段，"自我同一性对角色混乱"的心理危机占据了主导地位。青少年一方面想要建立不同于他人的具有统一风格的自我，另一方面又要处理角色变化和冲突问题，很可能会感到困扰、混乱，并有可能变得十分叛逆。用埃里克森的话来说，就是"以令人吃惊的力量抵抗社会环境"。

6. 成年早期（18 至 25 岁）。

在这一阶段，人们要解决的是"亲密对孤独"的冲突。具有牢固的自我同一性的青年人能够顺利地步入成年早期，可以与人建立亲密关系，并能够从亲情、友情、爱情中汲取能量。相反，那些没能发展好同一性的青年则会在这一阶段遇到很多麻烦，并会因为无法与人保持长期的友好关系而倍感孤独。

7. 成年期（25至65岁）。

在这一阶段，人们要面对的是"繁殖对停滞"的心理冲突。繁殖感让人们将注意力投向下一代，通过生育或教育孩子促进自我的成熟与发展；相反，过于自我专注、只考虑自身需要和利益的人常会出现人格的贫乏或停滞。

8. 成熟期（65岁以上）。

在这一阶段，人们要面对的是"自我完善对失望"的冲突。由于个体逐渐步入老年，生理上的衰老、健康状况的下降，都可能带来绝望感，此时必须做出必要的调整和适应，才能战胜心理危机，并能以超然的态度对待生活和死亡。

上述这八个阶段构成了完整的人生周期。正处于不同阶段的我们，不妨经常反思自己的人生。正如哲学家苏格拉底说过的名言："未经省察的人生没有价值。"我们应当对自己的人生历程进行全面而整体的省察，以便理解、接纳自己的过去，认识自己的现在，明确今后的人生使命，从而获得更好的成长和发展。

基本信任感：健康人格的基础

你可能没有想到，一个人对这个世界是否信任，是否有足够的安全感，是否能够形成乐观、活跃、积极的人格特征，都与我们在婴儿期获得的照料情况有很大的关系。

发展心理学家告诉我们，处于这个阶段的婴儿最为软弱，需要父母的保护和照顾，对父母的依赖性也是最强的。如果父母或其他养育者能够精心照料婴儿，不只满足他们的生理需要，还通过爱抚来满足他们的心理需求，就能让他们产生基本的信任感，认为周围的世界和人都是可靠的、安全的。反之，如果养育者对婴儿的照料不到位，或经常延迟，或不能给予充分满足，平时也很少爱抚婴儿，婴儿就会产生最初的不信任感和不安全感。对于这一点，心理学家哈利·哈洛通过著名的"恒河猴实验"给予了证明。

哈洛将刚出生不久的小猴从妈妈身边带走，放进笼中。在最初的几天，失去母爱的小猴十分恐惧、焦虑，它们不断发出凄惨的叫声，有的小猴还出现了大小便失禁的问题。

为了安抚小猴，哈洛在笼中放进了两种"假妈妈"，分别是硬邦邦的"铁丝妈妈"和软绵绵的"绒布妈妈"。两个妈妈大小基本相同，内部安装有小灯泡，能够发热，以模仿身体的热量。另外，铁丝妈妈胸前有一个提供奶水的装置，而绒布妈妈则没有。

很快，小猴逐渐将情感转移到了假妈妈身上，但哈洛发现它们更依赖绒布妈妈——小猴在铁丝妈妈那里吃饱后，马上就会回到绒布妈妈的怀抱中，一刻也不愿意多停留。

小猴对绒布妈妈是如此依恋，哪怕哈洛将它拿出笼子，小猴也不会去找铁丝妈妈，而是会眼巴巴地望着笼子外面的绒布妈妈……

这些可怜的小猴在婴儿期没有母亲和其他猴子做伴，长大后也没有正常的社交能力，还呈现出抑郁、自闭的倾向。有些小猴在回到猴群后，无法适应陌生的环境，也无法抚育自己的孩子……

"恒河猴实验"是残忍的，但它确实具有启发意义，它告诉我们：婴儿不光有生理需求，还有心理需求，需要父母用爱意和呵护给予及时、到位的满足，

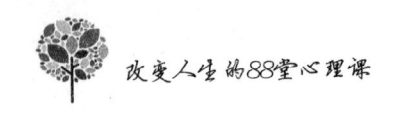

否则婴儿的身体发育、心理和人格发展、社会适应能力等诸多方面都会受到不良影响。

曾经有心理学家在美国的一些孤儿院里进行过调查，他们发现孤儿院中的孩子虽然能够获得充足的食物和妥善的医疗照顾，身体发育的平均水平却还是落后于非孤儿院中生活的儿童。而且前者明显缺乏信任感、安全感，性格也会变得懦弱、悲观、多疑。在成年后，他们更容易遭遇情感失调的情况，也不善于和其他人相处。

这样的事实也提醒了父母等养育者，在婴儿成长的过程中，我们一方面要及时回应和满足婴儿的需求，并要尽量保持照料的一惯性、规律性，这样不但能够促进婴儿的生长发育，还能让他们感受到爱和安全感。

此外，我们要经常给予婴儿轻柔的爱抚、拥抱，或是温柔地对他们讲话，以满足他们的心理需求，也有利于信任感的形成，而这将成为健康人格的基础，也会是其人生发展阶段的良好起点。

自主感的形成："我"是自己的主人

随着婴儿逐渐成长为儿童，他们发现自己能够控制身体，还能够做出各种动作去探索外在世界，此时他们会有一种强烈的意愿，想要按照自己的想法去做事情，这就是自主感。

自主感不仅是个体意识到自己的弱小，想早点把自己"变成"大人的一种渴望，也是所有生物自然发展时普遍具有的内在力量。养育者应当顺应自主感，鼓励孩子去做一些力所能及的事情，而不应过度保护他们，限制他们的正常发展。

环境心理学家罗杰·哈特曾经到一个英国小镇做考察。在那里，他用两年时间观察了86个孩子的日常活动。

在这些孩子中，有一部分被父母鼓励去探索外在环境，而孩子们也以此为乐。每当发现了一个小树洞，或是用石头和树叶搭出小房子的时候，他们就会变得特别兴奋，会像献宝似的把自己的发现展示给父母，而父母的夸奖会让他们感到非常自豪。

而另外一些孩子却没有这种探索的机会，他们的父母总是有一些过度的担心，害怕他们会受伤、会走丢，所以将他们严格地保护在家里，活动空间最大也不会超出自家的后院。每天父母对他们说得最多的话就是："不要这么做，太危险了！""快把那东西放下，别伤着自己！"

多年以后，哈特再次来到这个小镇，却找不到当年那些主动探索环境的孩子了，因为他们早已走出了小镇，前往更加广阔的天地寻找梦想。而被父母过度保护的孩子大多还留在镇上，他们没有冒险和探索的欲望，也缺乏自主意识、独立精神，平时做什么决定，都还会习惯性地找父母寻求意见。从生理上看，两者没有什么不同，可在心理上，后者却像是没长大的孩子，需要依附于父母才能生活。

哈特的考察让我们看到了自主感缺失会造成什么样的后果。父母对孩子过分宠溺，生怕孩子会受到伤害、遇到困难，于是父母对孩子过度保护，剥夺了孩子主动探索的机会，不给孩子独立成长的空间，必然会影响其自主感和自我效能的正常发展。

更糟糕的是，孩子缺乏足够的锻炼，对自己独立完成任务和达成目标缺乏信心，将来在学校、职场都可能遇到更大的压力和挑战，造成更多的心理问题。

因此，在自主感形成的重要阶段，父母应当学会放手，尽量满足孩子渴望独

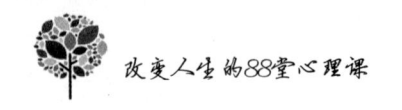

立的意愿。

1. 给予孩子锻炼的机会。

父母可以给孩子创造一些锻炼自主感的机会，如鼓励他们自己吃饭、穿衣、收拾玩具，还可以让他们自己做一些选择，使他们变得更有主见。另外，父母可以经常带孩子外出游玩，去见识新鲜的人和事，满足他们的探索欲望。

2. 在孩子任性时不要急于责骂。

2岁以后，孩子可能会变得有些任性，动不动就说"我自己来"。父母要求他做某事的时候，他还会用"我不"来表达自我意愿，展示自己的"控制力"。对此父母要给予理解，切不可责骂孩子，或是生硬地干涉他们的自主行动，以免破坏他们的自主感，甚至让他们产生羞耻感、内疚感和自我怀疑心理，而这将对他们的未来发展造成非常不利的影响。

3. 给孩子必要但不过度的协助。

孩子体格弱小、能力有限，虽然有较强的自主意愿，但在尝试的过程中难免会遇到各种困难，此时父母可以给予适度的指导和帮助，但这种帮助不应是大包大揽、完全代劳。父母可以先观察孩子遇到了什么样的问题，需要哪方面的协助，再选择适当的时机给予点到为止的"支援"，才不会让孩子养成依赖心理。

总之，自主感的形成对培养孩子独立、坚强、有毅力的良好个性是非常重要的，在孩子步入学龄期、开始校园生活后，这些品质也会让他们深深受益。

学龄期：跨越自卑与无助，用勤奋改变现状

进入学龄期后，孩子的世界从家庭延伸到了学校，生活的主要内容也从自由

玩耍过渡到了学玩结合。慢慢地，孩子会发现学习成绩是十分重要的，优秀的成绩可以让他赢得更多的称赞，这会让他感到非常愉快，也会促使他变得更加勤奋，还有利于形成积极的自我观念。

但那些在学业上屡屡受挫的孩子，则可能会产生强烈的自卑感。特别是在父母、老师的批评、训斥下，他们更会感到羞耻、内疚，会产生很强的心理压力，还有可能出现"习得性无助"问题。"习得性无助"是美国心理学家马丁·塞利格曼提出的，他做过这样一组经典的实验。

在实验A中，塞利格曼将一条狗关进装有电击设备的笼子里，又准备了一个随时作响的蜂鸣器。只要蜂鸣器一响，狗就会遭到电击。

最初，狗感受到电击的痛苦，会拼命挣扎，想要逃离笼子。可是经过多次尝试后，它发现自己是在白费力气。于是它放弃了挣扎，趴在地上颤抖、哀号着，无助地等待着下一次痛苦的袭来。

在实验B中，塞利格曼将这只狗转移到了另一只笼子里。新笼子分为两半，用低矮的挡板隔开，狗所在的这一边有电击设备，另一边则没有。此时，狗只要跳过挡板，来到"安全地带"，就不会再遭到电击。可它却连试都没试，就绝望地趴下了……

塞利格曼将狗的这种状态称为"习得性无助"，指的是在遭遇重复的失败或惩罚后，逐渐形成的一种对现实的无望和无可奈何的行为及心理状态。

在现实生活中，"习得性无助"的情况并不少见。比如，孩子在多次努力后仍看不到明显的成绩提升，而父母、老师又总是用打击、批评的方式激发他的学习欲望，他就会产生"无能为力"的想法。以后他做任何事情都会倾向于选择放弃，对自身存在的缺点也会听之任之、不思改进。更糟糕的是，"习得性无助"

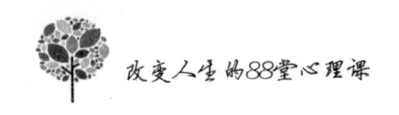

还会引发强烈的焦虑、绝望、抑郁情绪，可导致心理疾病。

为了帮孩子走出"习得性无助"，父母可以从以下几点做起。

1. 教孩子全面认知自我，提升自尊。

学龄期的孩子已经能够认知自我，对自己做出一些评价，但这种评价往往不够准确和全面。比如，他们会单单从学习成绩出发认为自己是"优秀的"或"差劲的"，此时父母就应当指导他们从更多的角度评价自己，如从社交能力、体育能力、处事能力、性格特质等方面发现自身的闪光点，提升自尊心、自信心，从而帮助孩子以更加积极的态度面对学习和其他事情。

2. 给予孩子积极正面的评价。

学龄期的孩子在认识自己时，会经常性地参照父母、老师、同学给出的评价。如果这些评价是正面的，就会让他们受到积极的影响，使他们变得更加自信、乐观；相反，若是父母或其他人总是揪着他们的缺点不放，却看不到他们的优点，他们就会陷入自我否定中，会变得更加自卑、消沉。所以父母应当学会正面评价孩子，不要总是打击、贬低他们。

3. 培养孩子的勤奋感。

有"习得性无助"问题的孩子会认为勤奋是没有意义的，对此父母应当及时帮他们改变观念，使他们重新认识勤奋的意义：勤奋不仅能够提升分数，还能让人感受到自身的力量。为了更好地鼓励孩子，家长可以帮他们设定一些容易达成的阶段性目标，让他们看到自己正在一点一点地进步，从而摆脱无助感，提升勤奋感。

除此以外，父母还要指导孩子用发展的眼光看待自己的能力，要意识到自己的能力是可以提升的，各种外部因素也是可以改变的，所以一时的成绩不理想并不代表永远失败，只要不放弃希望，未来就还是有成功的可能。

自我同一性：解读青春期的密码

青春期是儿童成长为青少年，并逐渐向成年人转变的过渡期。在这个阶段，青少年会越来越多地思考自身与世界的关系，想要更好地了解"我是谁""我会成为什么样的人""我该如何适应这个社会"。在这个过程中，青少年会将自己的需要、情感、能力、动力以及价值观等各个方面整合起来，形成一个不同于他人的自我形象，这就是自我同一性。

不过，由于青少年各自的成长经历、人格特质不同，在自我同一性形成时也会出现很多差异。心理学家詹姆斯·玛西亚就将自我同一性分成了四类发展状态。

1. 同一性达成。

这类青少年对自身有清晰的认识，了解自己的优缺点，能够适应现有环境，也有比较明确的未来目标，对学习、生活都能够热情地投入，表现出了较强的成就动机和发展潜力。他们可以被称为"同一性达成者"，这也是自我同一性发展的最佳状态。

2. 同一性延缓（也叫延期偿付）。

这类青少年积极地尝试探索自我，却找不到自己需要的答案，因而会出现自我怀疑、焦虑、冲动之类的心理问题，并有可能用叛逆的言行来缓解内心的压力。心理学家认为，此时的叛逆并不是坏事，而是一种曲折的探索过程，在走过混乱之后，这类青少年往往更容易建立自我同一性。

3. 同一性早闭。

这类青少年因为对父母或其他长辈依赖性过强，导致自己缺乏主见，没有主动探索同一性的欲望，常常会被动接受他人给予的东西，并向着他人期望的方向成长，使得自我意象过早固定化。在生活中，这类青少年往往是大人眼中的乖孩子、好学生，但是在遇到挫折时，他们往往更容易丧失目标和信心。

4.同一性分散。

这类青少年还没有仔细思考过同一性问题，不知道自己是谁，也没有明确的生活目标。未来在他们眼中是一片混沌的，而这会让他们感到非常迷茫。有时他们会用冷漠、逃避来掩饰自己内心的不安，所以在人际交往上更容易出现障碍。

上述这四种状态背后，都藏着家庭关系的影子。比如，处于同一性分散状态的青少年，其父母在对待子女时常常表现得冷淡、漠不关心，有时还会轻易否定孩子的行为，使得孩子也变得越来越冷漠，不善于沟通、交流。

处于同一性早闭状态的青少年和父母的关系往往过于亲密，习惯于依附父母；而父母常具有较强的操纵意识，不喜欢孩子表达不同的观点，这也会让孩子变得胆怯、退缩，缺乏直面自我和外部世界的勇气。

处于同一性延缓状态和同一性达成状态的青少年，其父母往往会给予孩子更多的自由，允许孩子进行自由的探索，还鼓励他们思考自己的人生，并会给孩子提供必要的支持。

由此可见，在孩子进入青春期后，父母应当重视与孩子之间的沟通，以了解他们的心理变化，并可从孩子的态度中发现自己在教育方式上存在的问题。比如，有的父母经常采用人身攻击、情感勒索、引发内疚等心理控制的方式，迫使孩子屈从于自己的要求，这种做法很容易引发孩子的消极情绪，让孩子失去探索自身和世界的动力，逐渐向着同一性分散和同一性早闭的方向发展。在迈入成年早期后，他们也无法顺利地适应社会，体验不到自身的价值和人生的意义。

因此，父母一定要避免对孩子进行过多的心理控制，要注意采用宽松、开明的态度对待处于青春期的孩子，给予他们足够的自主权，推动他们顺利进入下一个人生阶段。

迈入成年早期的挑战：平衡亲密感与孤独感

在青春期结束后，个体进入了成年早期。到这个阶段，并不是所有人都已经解决了自我同一性的问题，这也导致个体在发展亲密关系时遇到各种障碍。这是因为建立亲密关系意味着将自己的"同一性"和他人的"同一性"融为一体，而这必然会要求个体愿意为了对方放弃一些事情。也就是说，愿意为对方做出一些改变，或是进行让步。

对于自我同一性发展完善的人来说，做到这一点并不困难，因为他们对自我已经非常了解，在与人相处时能够及时发现自身的不足；而且他们乐于追求自我进步和提升，不会过于抗拒改变。

相反，那些自我同一性不够牢固的人，却会担心为他人改变就会失去自我，所以遇到这样的情况他们会选择逃避，因而无法享受亲密感，并会让自己不可避免地陷入孤独感中。

张恒大学毕业3年，已经换了好几份工作，因为他一直不能确定自己的职业方向，总觉得每一份工作都不适合自己，所以跳了几次槽。可事实上，他放弃的几份工作都有不错的发展前途，可惜他却未能把握机会。

他在工作上屡屡碰壁，在亲密关系上进展得也不顺利。每次开始一段新的恋情不久，他就会患得患失，总觉得对方没有自己想象中那么完美，而对方期

望自己做出的改变也让他觉得十分烦恼。

于是，他主动提出了分手，看到对方哭泣的样子时，他又深感内疚。但下一段关系展开后，同样的事情又会重演，仿佛两人相处的时间越长，彼此排斥的感觉就会越强烈。

连续几次恋情失败后，他忽然有一种心灰意冷的感觉，觉得自己这辈子不如就这么"单着"算了，可一个人待着的时候，他又会有空虚、焦虑、迷茫的感觉……

张恒是一个没能发展好自我同一性的人，在他身上，青春期同一性分散的问题未能得到良好的解决，导致他进入成年早期后，依然处于自我迷失的状态，不确定自己想要什么，不确定自己想要成为什么样的人，也不知道该如何建立、维系一段亲密关系。

在与朋友、恋人相处时，他不会站在对方的角度思考问题，也很难为对方付出或改变什么。不仅如此，他还会觉得对方对自己的所有要求都是不合理的，让自己感觉"很累"，而这必然会导致关系走向终结。

想要避免这样的问题，就需要个体有继续发展自我同一性的自觉。一方面，要坚持进行"内在探索"，以更好地认知自我，明确自己的价值观、理想、态度，并能够发现自己身上存在的不足，进而可以为"改变"做好足够的心理准备。另一方面，个体也要勇敢地进行"外在探索"，也就是要停止逃避和退缩行为，积极地与他人进行交往互动。即便在之前的交往经历中遇到过挫折，个体也不能放弃希望，要对他人保持开放的态度，从而走出孤独感和困惑感，并从亲密关系中获取真正的爱与关怀，促进自我的成长与发展。

成年期：发展"繁殖感"，避免自我停滞

心理学家埃里克森认为，一个人在成年期的主要任务是发展"繁殖感"，避免自我停滞。这里所说的"繁殖感"不能简单地理解为生儿育女、陪伴孩子成长。事实上，能够关心社会和他人，主动创造更利于下一代成长的环境，也是"繁殖感"的重要表现。

在埃里克森等心理学家看来，"繁殖感"是成年期个体心理发展成熟、自我价值明确的重要体现。个体能够从成功抚养和引导下一代的父母角色中获得成就感、完善感，也可以从生产、创造和奉献社会的工作中获得自我价值的肯定和延续，这会让个体找到生命的意义，获得属于自己的幸福感。

相反，一个没有"繁殖感"的人，却会陷入过度的"自我关注"中，他们只会考虑自己的需要和利益，完全不关心他人的需求，也不关注社会的进步。埃里克森认为这其实是一种"自我停滞"的状态，不利于个体的长远发展。

33岁的岑蓉硕士毕业已有8年，本是家人眼中的骄傲，可她在毕业后的所作所为却让所有人都感到很不理解。

岑蓉没有像家人期盼的那样去找一份理想的工作。她曾向几家大公司投过简历，没有得到回信，这让她产生了强烈的挫败感，从此不再主动找工作。亲友给她介绍过几个单位，但她因为觉得"丢人"，连面试都不肯前去。

从那以后，她每天都待在家里看电视、玩游戏，连门都很少出。父母看在眼里，急在心上，经常鼓励她外出与人接触，还说要帮她介绍对象。可岑蓉一听就勃然大怒，发脾气道："我这辈子都不会结婚、生孩子，你们别来烦我！"

父母实在无奈，只得放弃劝说。可岑蓉却变本加厉，不但不做一点家务活，过上了衣来伸手、饭来张口的生活，还动不动就问父母要钱购买新衣服、化妆品。父母都是退休职工，手头并不宽裕，经不起岑蓉的挥霍，但又不敢轻易地拒绝她，因为她动不动就威胁父母说要自杀。

岑蓉的父亲身体本来就不好，因为心中苦闷，病情加重住进了医院。可让他感到寒心的是，他在医院里住了一个星期，女儿都没有来看过自己一次。他怎么都想不通，为什么自己对女儿这么好，却得不到哪怕一丁点儿的回报……

岑蓉是一个没有顺利发展出"繁殖感"的人，她没有成家立业、生儿育女的欲望；也没有从事工作、奉献社会的自觉；她所有的关注点都在自己身上，整日想着如何满足自己的需求，让自己过得更加舒适，却不愿主动体察父母和他人的感受，表现出了过度的自我关注和共情能力的极度缺乏。

像岑蓉这样的人在生活中并不少见，他们的心理是极不成熟的，人格更是非常贫乏的，人生也进入了停滞状态，看不到任何自我发展的可能。父母虽然暂时能够为他们提供庇荫，但父母正在老去，也迟早会离开他们，届时他们的人生很有可能会向着消极的方向发展。

那么，我们应当如何避免因"繁殖感"缺失而陷入自我停滞呢？

1. 发展爱的能力。

无法感受爱，不懂得表达和回应爱，都是"爱无能"的典型表现，也是"繁殖感"欠缺者身上非常明显的问题。这类人最需要发展爱的能力，只有学会被爱与爱人，才能减少过度自我关注，从而为促进心理成熟提供可能。

因此，这类人需要敞开心扉，去认真感受自己获得的关怀和爱意，并要为此知足、感恩。在感受爱的同时，这类人还要学着爱别人，如关爱日渐老去的父母，疼爱自己的伴侣和孩子，关心朋友、同事……爱与被爱是相互的过程，在付出爱的同时，他们也能够获得他人的理解、关怀，而这将成为缓解他们心理痛苦的一剂良药。

2. 投入地进行创造性工作。

"繁殖感"缺失的人往往也会欠缺对工作的兴趣，他们或是自视甚高，觉得眼前的工作无法充分发挥自己的才华，或是因为个性懒散，不愿意辛辛苦苦地工作打拼。但从个人发展的角度来看，工作的价值不容小觑，它不但能够让个体获得报酬，确保生存无忧，还可锻炼个体的能力、积累丰富的经验、提供接触社会的机会，有助于自我价值的实现。

特别是在从事有成就感、创造性的工作时，个体更是会获得强烈的快乐感、满足感。因此个体不但不应当抗拒工作，还应主动探寻工作的意义，让自己能够顺利跨越成年期的心理迷茫期，促进自我不断发展。

除了上述两点外，"繁殖感"缺失者还应主动减少自我关注，如减少对自我感觉、自我需求、自我利益的过多关注，将注意力投向他人和广阔的外部世界，平时可以多看一看他人的生活方式、交往方式，然后与自己的情况进行对比，这将有助于发现很多被自己忽视的问题。

迎接"成熟期"，以超然的态度对待生活

在 65 岁以后，个体开始步入成熟期，这也是人生历程中最后的阶段。在这个阶段，个体不可避免地会出现生理上的退行性变化，并会因为年龄增长、社会生活条件改变而引发不同的心理问题。

比如，有的人会遇到退休后心理不适应的情况；有的人会因疾病而产生强烈的绝望感；还有人无法正确面对死亡的问题，内心充满了焦虑感、恐惧感。此时，

他们最需要的是进行自我调整，使自己能够以超然的态度对待生活和死亡。

老张今年65岁，是一名退休教师。在刚离开教学岗位的时候，老张觉得很不适应。以前他一直是班主任，从早到晚忙个不停。现在突然闲下来，整天"无所事事"，老张心里觉得空落落的。他每天闲在家里，很少和同事、学生接触，产生了失落、无助的感觉，觉得自己被社会抛弃了，成了一个"无用"的老人。

老张的妻子早逝，唯一的儿子张扬在外地工作，虽然很担心父亲的状态，却没有办法回来陪伴，只能时常打电话慰问，但安抚的效果并不理想。幸好张扬在网上看到了老年大学的招生信息，又想起父亲平时喜欢书法，便给父亲报了名。老张在儿子的劝说下上起了"大学"，颓废、空虚的状态得到了改变。

他重拾起了对书法的爱好，饶有兴趣地投入了练习中，没过多久，他的一幅书法作品在社区举办的比赛中赢得了一等奖。老张听着大家对自己的夸赞，心中十分兴奋，还高兴地对儿子说："谁说老年人没用，看我这不就是'老有所为'吗？"

老张在进入成熟期后，出现了一些心理问题，如失落感、孤独感、衰落无用感等，好在他重新找到了精神寄托，完成了心理的自我调整和适应，逐渐摆脱了负面情绪，让自己能够以健康的心态安度晚年。

老张遇到的问题绝非个案，随着体力、心力、健康状况的不断下降，人们会将成熟期看成"老化""衰退""丧失"的阶段，认为到了这一阶段，人就会失去发展的潜力，只能消极、被动地等待人生的终结。

可是从发展心理学的角度来看，心理发展贯穿人的一生，即使在人生的暮年，仍然会有发展和提升的机会。而且个体心理发展情况是因人而异的，也有很大的可塑性，会在生活习惯、周围环境的影响下表现出多种多样的特点。所以我们不能将成熟期等同于衰退期、丧失期，而是应当转变态度，让自己变得更加积极和乐观。

为此，我们可以从以下几个方面进行自我调整。

1. 适应社会角色的转变。

退休是成熟期的一个重要变化，很多人在退休前后都会经历四个阶段的心理变化过程，其中尤其要注意适应期的心理调整，避免引发严重的心理问题。

（1）期待期。在退休前，有的人会有一种期待感，觉得自己会在退休后享有安闲、轻松的生活；但也有人会有矛盾心理，担心离开岗位会导致自己的社会地位发生改变。

（2）退休期。在正式退休阶段，有的人会因为期待得以实现而感到欢欣雀跃，并开始计划之后的生活。但也有人会觉得非常迷茫，不知道自己以后还能做些什么。

（3）适应期。在前两个阶段产生过矛盾、迷茫心理的人，到了这一阶段常会出现适应困难，会觉得无所事事、无所适从，还会产生烦躁、焦虑、抑郁等负面情绪。

（4）稳定期。适应困难者在经过一段时间痛苦的心理挣扎后，终于能够接受自己的现状，他们将注意力转移到家庭生活中，或是开始寻找人生中的其他可能。

2. 保持良好的人际关系。

在成熟期，交往范围逐渐缩小，人际关系的重心调整为家庭和亲友圈子，此时应当重视处理好夫妻关系、与子女的关系、与孙辈的关系、与亲戚朋友的关系。可以试着积极地参加社会活动，拓展人际交往的范围，使自己的生活变得更加丰富多彩，与他人相处也会更加和谐，这对减少心理不适、保持心理健康是很有帮助的。

3. 正确认识死亡的问题。

生老病死是生命发展的自然规律，但有的人往往无法接受这一点，所以会感到恐惧不安，甚至产生抑郁情绪。对此，心理学家建议我们要坦然接受自然规律，愉快地安排好每一天的生活，做到不忧虑、不抱怨，以顽强的毅力、乐观的精神安然度过晚年。

在逆境中发现人生重塑的意义

在漫长的人生历程中，我们不可能总是处于一帆风顺的状态。在受到主、客观因素的阻挠或干扰下，我们预期的目的难以实现，或是需求得不到满足，类似这些不顺利的遭遇就是逆境。

在面对逆境时，人们的反应会有很大的不同。有的人认为自己无力改变现状，会选择逆来顺受的消极应对方式，甚至一蹶不振，导致自己的下一个人生阶段提前进入低迷状态。但也有人会积极地寻找逆境的起因，愿意承担一切责任，然后采取有效的行动，尝试走出逆境、重塑人生。

张军在45岁之前，一直过着非常顺利的生活，毕业后进入了一家不错的企业工作，按部就班一步步升职，几乎没有经受过什么挫折。他也早已习惯了这种安逸的日子，谁知某天公司领导通知他，要将他所在的部门整体裁掉。这个消息让他彻底惊呆了，过了好久才反应过来。之后，他的心中充满了沮丧、羞耻、愤怒的情绪。

在刚离开公司的那段时间，他一度觉得自己的人生已经彻底无望了，好在妻子不停地劝说他，说他本来也是从基层一步步做到中层的，所以不妨把这次经历当成人生的新起点，调整好状态重新出发。

在妻子的鼓励下，他逐渐走出了低谷，开始试着寻找新的机会。但是他在人才市场上寻觅了一阵子，却总是"高不成低不就"。经过了几次失败的面试后，他的心情反而沉静下来，开始认真寻找自身存在的不足，并决定先去进修一段时间，再重入职场。

两年后，收获满满的张军开始了自己的新征程，这一次，他终于遇到了适合自己的职位，待遇甚至比之前那份工作还让他满意……

案例中的张军长期处于顺境中，逐渐失去了危机感，被突如其来的逆境打了个措手不及。刚开始，他的心中产生了强烈的负面情绪，心态也变得十分消极，觉得自己的人生已经提前完结了，这是一种典型的"逆境心理"。幸好在这关键时刻，张军的妻子鼓励他进行自我调节，尝试从逆境中挖掘出积极的因素，为自己找到继续成长的机会。经过一番"浴火重生"的洗练后，张军反而变得更加强大了。从张军应对逆境的做法中，我们也能得到不少良好的启示。

1. 接受并直面逆境。

面对逆境时错误的反应方式就是逃避和怨天尤人，有的人总是不愿意面对事实，或是终日抱怨"这种倒霉事为什么会发生在我身上"，这样的反应方式会让人变得更加迷茫、消沉。

所以，在逆境来临时，我们应当排除侥幸心理，勇敢地面对这件事，越早接受事实就越能快速走出迷茫期，为自己寻找逆境重生的机会。

2. 积极寻求"支持系统"。

遇到逆境时，有的人会有一种强烈的羞耻感，因为觉得"丢人"，他们宁愿独自忍受痛苦的滋味，也不想把自己的遭遇和感受分享给他人，结果常常会让自己被负面情绪压垮。因此，心理学家建议我们主动寻找"支持系统"，也就是从人际关系中寻找能够为自己提供精神援助的对象，将我们的痛苦向他们倾诉，再请他们给出自己的建议，哪怕这些建议提供不了多少帮助，却会让我们获得心理慰藉，能够化解负面情绪，帮我们逐渐走出逆境。

3. 将逆境当成人生重塑的机会。

逆境不代表人生终结，相反，我们可以从逆境中寻找突破的可能。为此，我们需要将自己从旧环境中彻底剥离出来，放弃过时的身份和目标，给自己重新定位，为人生找到新的出路。

与此同时，我们可以以逆境为镜，照见自身的不足，确定可以修正或继续成长的部分，然后"对症下药"，让能力得到提升、性格得到改善、心态得到调整。如此一来，逆境反而会成为一种进步的契机，帮助我们在人生的下一阶段发现更多的精彩环节。

发挥自主能动性，为人生找到更多可能

无论身处人生历程的哪个阶段，我们都应当保有开放的心态，相信自己的人生并未定型，未来还有无限可能。

心理学家黑兹尔·马库斯也提出了"可能自我"理论，他告诉我们，"可能自我"包括三个部分，即"希望自我""预期自我"和"恐惧自我"。其中，"希望自我"是我们渴望实现的理想自我；而"预期自我"是根据现实条件和自身能力认定的自己能够实现的自我；"恐惧自我"则是我们极力避免的、害怕成为的那种自我。

佟磊上大学时学的是食品科学与工程专业，毕业后在一家食品制造企业从事质量管理体系推进的工作。他对这份工作并不满意，一方面，他认为公司管理不正规、制度松散，看不到什么发展前景。另一方面，他自己也在犹豫是否

应当转行从事技术方面的工作。

他给自己制定了两条发展路线，一条是继续学习、研究质量体系方面的知识，争取在一年半内升到主管的位置，再尝试跳槽到其他企业，这对他来说难度不大，但他并不想将自己"固化"在质量管理这一行中。另一条则是辞职考证，向技术方向发展，将来成为一名食品技术专家，而这也是他一直以来的梦想。

但这第二条路显然是崎岖难走的，他并没有太大的把握能够成功。眼下最让他害怕的事情就是辞职之后却没有成功考取证书，最终白白浪费时间，自己却一事无成。所以他一直在犹豫，不知道未来的路该怎么走……

在这个案例中，佟磊设想自己在未来会成为"主管"，这可以看作一种"预期自我"；而他又梦想自己成为"食品技术专家"，这是一种"希望自我"；同时，他很害怕自己最终会落得"一事无成"的境地，这是一种"恐惧自我"。佟磊之所以会陷入犹豫不决的状态，是因为他觉得"希望自我"的实现难度太大，同时"恐惧自我"也让他感到焦虑、担心，导致他不敢踏出关键的一步。

想要解决这样的问题，心理学家提出了一套改进机制，包括以下几个步骤。

1. 平衡可能自我。

"希望自我"和"预期自我"促使我们朝向目标积极行动，而"恐惧自我"则会起到阻碍作用，我们需要在三者之间构建平衡。比如，可以在目标变得更加明确后再做好行动计划，让成功的概率明显提升，便可逐渐克服"恐惧自我"带来的压力。

2. 准备改变。

明确目标之后，我们还要下定决心做出改变，为此，我们不妨问自己这样三个问题。

（1）在我们的内心深处，有没有迫切想要成为某种人的想法？

（2）有没有什么事情是我们渴望去做，但碍于现有条件一直做不了的？

（3）如果我们成为问题（1）中的那种人，再去做问题（2）中的事情时，会不会更加容易？

思考这些问题，能够帮我们驱走焦虑、恐惧之类的负面情绪，可以让我们变得坚定，有勇气尝试不一样的发展道路。

3. 付诸行动。

从产生念头到勇于尝试，再到努力摆脱"旧我"，实现"自我"，中间的关键链条就是"行动"。我们可以试着勇敢地迈出第一步，如果发现偏离了目标，找到原因后再根据自己目前的实际情况和拥有的现实条件进行修正，甚至可以重新出发。

无论如何，行动都是追寻可能自我的必要条件，不敢行动只会让自己画地为牢，失去人生中更多的可能。因此，我们不应当自我设限，而应当在有限的人生历程中，努力追求尽可能高的生命价值，这样在回顾人生之旅的时候，才不会有遗憾、后悔的感觉。

CHAPTER 03

第三章

强化动机,点燃内在驱动力

认识动机与需要，发现人生的"推动力"

面对同样的工作或学习任务，为什么有的人能够始终充满激情、全力以赴，有的人却随意敷衍、消极拖延？为什么同样是有着远大目标的人，有的能够通过努力实现目标，创造出非凡的成就，有的却中途放弃，让自己的人生变得默默无闻？

在这些问题的背后，有一个非要重要的心理因素，那就是动机。简单地理解，动机就是推动我们从事某种活动的心理动因或内部动力。心理学家会从方向和强度这两个角度来分析动机，"方向"指向了我们想要达到的目标，让我们能够知道自己为什么要做这件事；而"强度"决定了我们愿意为这件事付出多少努力，如动机过弱的时候，我们就会减弱甚至停止付出努力。

那么，又是什么在悄然影响着动机的方向和强度呢？那就是人的需要，当需要达到一定的强度，并且存在满足需要的对象时，需要便会转化为动机。

社会心理学家亚伯拉罕·马斯洛撰写过《动机和人格》一书，指出人的动机是由多种不同性质的需要决定的，人需要通过"自我实现"，满足多层次的需要，实现完美的人格。

这些需要从低到高分别是生理需要、安全需要、归属与爱的需要、尊重需要和自我实现需要，它们组成了一个"需要金字塔"。

1. 生理需要。

指的是我们为了维持生存必须满足的衣、食、住、行各方面的需要，它们在各种需要中最为重要，也最有力量。我们必须先满足这些需要，才有精力和能力去追求更高层次的需要。就像我们还在为吃饱、穿暖而发愁的时候，就不可能有心情和条件去追求尊严和梦想。

2. 安全需要。

指的是我们想要保障自身和财产的安全，想要免除意外事件带来的恐惧和焦虑的需要。比如，有的人在生理需求得到满足后，会希望找一份有良好福利制度和保障措施的工作，也希望参与各种保险，这就是安全需要的体现。

3. 归属与爱的需要。

指的是我们渴望获得他人的爱，也希望成为群体中的一员，与他人相互关心、相互扶持的需要。如果这样的需要能够得到满足，我们就能够获得归属感、友情、爱情、亲情，这能够帮我们摆脱内心深处的孤独感，让我们觉得非常充实、快乐。

4. 尊重需要。

在上述几种需要得到满足后，我们会想要获得更多，而他人的尊重和认可就是其中之一。也正是因为这样，我们会积极主动地参加专业活动、获得学术成就，或是参加一些比赛、发展一些技能等，这会让我们在各种情境中显得有实力、有胜任感、有自信心，能够得到别人的高度评价，也能让自己觉得"活着是一件有价值的事情"。

5. 自我实现的需要。

这是最高层次的需要，指的是我们渴望个人理想、抱负得到实现，能力得到最大限度的发挥，从而能够让自己成为心目中那个最理想的"我"。

上述这几种需要中，前三种属于低层次的需要，通过创造外部条件就可以得到满足；而后两种则是高层次的需要，必须刺激内部因素才能获得满足。一般而言，当低层次的需要相对满足时，我们就会迫不及待地向高一层次发展，这种需

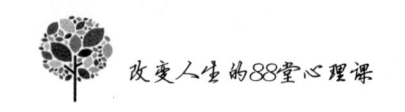

要就会转化为动机，推动我们永不停息地付出努力。

我们不妨将"需要金字塔"当成一种自我激励的工具，借助它认识当前自己亟待实现的是哪个层次的人生需要，继而可以制定下一级的奋斗目标，激励自己不断进取，以便最终达成"自我实现"的梦想。

过度理由效应：外在动机为何会削弱内在动机

动机可以分为两种类型，即内在动机和外在动机。其中，外在动机来自外部的奖赏、报酬以及他人的认可、赞扬等。比如，参加篮球比赛可以获得奖杯，完成工作任务可以获得奖金和晋升的机会，努力学习可以获得老师的表扬、家长的奖励，等等。而内在动机则是做这件事本身能够带给我们的成就感、满足感、愉悦感，等等。

我们的任何行为都不仅仅是外在或内在动机单纯地起作用，而是两者互相作用的结果。并且外在动机越多，相应的内在动机就会越少。这一点可以用社会心理学家爱德华·德西所做的经典实验来证明。

德西邀请了一些对智力游戏感兴趣的大学生，请他们发挥自己的创造力，去完成一些有趣的测试。

在实验的第一阶段，德西没有给大学生任何奖励，是否要继续进行测试，完全由大学生自己来决定，而他们普遍表现得兴趣盎然，没有主动提出结束。

到了第二阶段，德西将大学生分成A、B两组，A组每完成一个测试就能获得1美元的报酬，而B组还是没有任何奖励。

在第三阶段，德西告诉所有大学生："你们可以选择休息，也可以继续进行测试。"结果 A 组发现休息期间得不到奖励，就停止了测试；而 B 组却出于对题目本身的兴趣，仍然不知疲倦地做着测试。

在这个实验的第一阶段，大学生是在内在动机的推动下做事的，他们孜孜不倦地进行着测试，并从中获得了无穷的乐趣。可当德西发给他们金钱做奖励，使他们得到了外在动机后，他们的内在动机反而遭到了削弱，因为他们认为自己做这件事就是为了外部理由——获得金钱奖励。一旦德西停止发放金钱做奖励，使得外部理由消失了，他们失去了外在动机，内在动机又明显不足，就会倾向于停止自己的行为，这种情况也被称为"过度理由效应"。

从这个效应中，我们可以看出外在动机具有的几个特点。

1. 速效性。

外在动机能够快速、有效地激发个体从事某件事情的积极性。比如，在获得金钱奖励后，学生们参与实验的积极性较之前出现了明显增长。

2. 短时性。

外在动机对人产生的推动作用无法持久，一旦外在理由消失了，相应的行为就会反弹回原来的水平，有时甚至会比原有水平还低。

3. 被动性。

外在动机会削弱人本来具有的内在动机，使得当前从事的事情成了一种被动的行为，人们在其中找不到乐趣和成就感。

由此可见，如果我们希望一些良好的行为得到保持，就要避免给予当事人过度的外在动机。就像在一个企业中，员工本是因为兴趣、成就感、满足感等内部理由积极地投入工作中，此时管理者如果想要用加薪等手段向员工提供外在动机，一定要掌握好分寸，切莫让外部理由超过内部理由。

否则"过度理由效应"就会发生作用——员工会把获得加薪当成自己认真

工作的唯一理由,却逐渐忘记了自己从工作中获得的无形的价值。但是管理者又不可能不停地为员工加薪,于是员工很快会失去外部动机,导致工作积极性迅速下降。类似这样的情况在现实生活中并不少见,也是我们应当注意并避免的。

激活内在动机,点燃生命的火种

与外在动机相比,内在动机更为持久和稳定。这是因为我们被内在动机推动着去做事的时候,常常能够从这件事中得到乐趣,或是获得价值感、成就感。另外,这件事能够帮我们达成更高的目标,可以满足我们"自我实现"的需要。这些都会成为源源不断的动力,让我们愿意持续行动下去。

在一片建筑工地上,有三名工人正在干活,他们三人的精神面貌和工作状态有很大的不同。第一位工人愁眉苦脸,慢悠悠地敲打着石头,看上去很没有精神。第二位工人面无表情,不紧不慢地做着手里的事情。第三位工人表情最为轻松,一边干活还一边哼唱着歌曲。

有位心理学家对他们的表现很感兴趣,故意上去问了他们这样一个问题:"请问你在做什么?"

第一位工人没好气地发了一顿牢骚,说自己正在干一份最糟糕的工作,既辛苦又无聊。

第二位工人语气平淡地说:"我正在干一份能糊口的工作,拿到了报酬,才能养活自己和家人。"

第三位工人微笑着说:"我在做一件伟大的工作,将来这里会出现一座宏伟的大教堂，无数人会为它的美丽而惊叹，一想到自己能参与这种了不起的工作，我就觉得十分自豪。"

故事中，三位工人的动机有很大的差异，直接影响了他们的工作表现。第一位工人属于明显的动机缺乏，他对工作没有任何积极性，恨不得立刻结束这种让他痛苦的行为。第二位工人是在外在动机驱动下工作的，自己对工作没有什么兴趣，工作积极性处于一般水平。第三位工人却激发出了强烈的内在动机，他找到了工作的意义，体验到了自豪感，这让他在工作中变得更有恒心、毅力，能够享受工作，也更有可能取得较高的成就。

由此可见，我们也应当学会激发自己的内在动机，才能改变浑浑噩噩的工作、学习状态。心理学家德西指出，内在动机背后有三种不可忽视的基本心理需要，分别是自主、胜任和联结，我们只有满足了这三种需要，才能彻底激发内在动机。

1. 自主的需要。

指的是做某件事时是出于自己的意愿，而不是在他人的控制、驱使下去做事。只有满足了这种需要，我们在行动时才会一直有掌控感，才能带着乐趣沉浸其中。

2. 胜任的需要。

指的是自我感觉有足够的能力去做这件事，并能够取得想要的结果。为了满足这种需要，我们在做事的时候会全力以赴，发挥出自己全部的能力，自我价值感也能够得到不断的成长和发展。

3. 联结的需要。

指的是在做某件事的时候，能够感受到他人的关心，接受他人的支持和帮助。这种需要与自主需要并不矛盾，因为自主意味着能够独立处理事情，但这并不代表就要与外部世界完全割裂。如果能够得到他人的相助，我们在做事时更容易取

得事半功倍的效果，也能更好地满足自主和胜任的需要。

在实际工作和学习中，上述这三种心理需要是否已经得到了满足，需要我们自己不断去感知、去调整，才能得到正确的结论。因此，我们需要积极地觉察自我，诚恳地评估所作所为是不是出自自己的选择，是否能够发挥自己的能力，是否与他人做好了联结。在满足这三种需要的基础上，我们才能激活内在动力，真正掌控人生。

设置目标，找到自己的最佳出发点

在人生的道路上，无论我们打算去往何处，第一步都应当是设定目标。目标为动机指明了方向，使我们知道自己该向哪个方向持续前进。倘若失去了目标，就算是再强的动机，也会在毫无方向感的行为中消耗殆尽。为了研究"目标的动机作用"，美国哈佛大学的一些心理学家做过一个著名的实验。

这个实验的对象是1970年的毕业生，他们被要求填写一份调查表，如实地报告自己对未来有什么样的目标。

在这次调查中，心理学家发现有27%的毕业生没有任何目标；有60%的毕业生虽然有目标，却无法进行具体的阐述；有10%的毕业生有比较清晰的目标，但都是些短期目标，如"我将在3个月内找到满意的工作""我将在一年后获得职位提升"等，但要是问他们一年后、三年后、五年后有什么样的目标，他们会变得十分茫然，说自己"没有想过那么遥远的事情"；最后，只有极少数毕业生已经形成了清晰的目标体系，他们不仅知道自己将来最想要的是什么，也知道该从哪些短期目标做起，才能实现长远目标……

在这次调查之后，心理学家花费了大量时间和精力对毕业生进行了长达几十年的观察和记录。多年后，实验终于圆满结束，心理学家也对实验结果进行了系统总结。

他们发现，当年那些毫无目标的毕业生有很多都在得过且过地混日子，他们对自己的工作、生活很不满意，心态非常消极；而那些有目标但不够具体明确的毕业生，工作和生活处于比较"稳定"的状态，没有做出什么突出的成绩；至于那些拥有明确的短期目标的毕业生，他们一步步实现了短期目标，也成功地取得了一些成绩，却难以达到"社会金字塔"的高层；唯有那些极少数拥有明确目标体系的毕业生，通过努力拼搏取得了非凡的成就，成了业界领袖、社会精英……

这些毕业生都是从哈佛大学毕业走向社会的，但他们的人生发展轨迹却出现了很大的差别，这与他们各自持有的目标有很大的关系。目标是否清晰、具体将决定动机的强弱。根据心理学家洛克和莱瑟姆的研究，目标的动机作用主要体现在以下几个方面。

第一，影响注意力分配情况。当我们拥有具体而明确的目标时，会忽略其他影响因素，只将注意力集中于一项任务上，直到完成这项工作为止。

第二，影响努力程度。目标能够产生激励作用，可以促使个体调动自身潜力，发挥出积极性、主动性和创造性，努力创造出更好的成果。

第三，影响坚持性水平。目标能够让我们对自己正在进行的任务保持长期的热情，在每完成一个小目标后，我们还能够获得强烈的满足感和成就感，这会起到"正强化"作用，使我们更容易坚持到底。

第四，影响任务策略的应用。目标还能帮我们分清事务的轻重缓急，使我们能够制定合理的策略，以便更好地完成任务、实现目标。

当然，想要让目标发挥出上述这些良好的作用，强化行为动机，我们就应当学会科学地设置目标。

1. 确保目标是具体的。

很多人说自己"要成为一个成功的人"，这勉强算是个目标，但却是很不具体的目标，所以无法对行为产生指导作用。因此，我们要把模糊的目标转化为具体目标，至少要让自己知道什么标准才算是成功的，以及怎样做才能达到这样的标准。

2. 确保目标是可以衡量的。

我们可以从数量、质量、时间等维度对目标进行量化，这样目标会变得更加清晰，我们也可以随时衡量自己目前取得的成果与目标之间还有多大的差距。如此一来，我们的行为动机会更加强烈，行为步骤也会更加细致。

3. 确保目标是可以达到的。

对于目标的难度我们应当审慎设定。简单的目标虽然容易实现，却缺乏足够的挑战性，会让我们的动机减弱。可要是目标太难，我们在付出许多精力和时间后看不到明显的成果，又会感到灰心、失望，不愿再继续付出努力。由此可见，我们应当设定有难度但不超过实际能力的目标，这样才最容易激发自身强大的动机。

4. 确保目标与其他目标是相关的。

在设置目标时不能过于随意，而是应将单个的目标放进自己的目标体系中，看看它是否能够与其他目标相互关联，这样一个目标的实现对其他目标也能够产生促进作用，有助于实现最终的长远目标。

5. 确保目标是有时间限制的。

我们还需要为目标设定时间框架，这样它会离我们更近，而不会总是虚无缥缈的。比如，有人定下目标"总有一天，我要学会法语"，因为缺少时间框架，这个目标最终很难实现。可是把它改成"明年6月前,我要掌握基本的法语会话",效果就会好很多,因为有了时间上的限制,就会多一些紧迫感,对于目标的实现是很有帮助的。

上述这五点也被合称为"目标的SMART法则",我们在制定目标时应当充分考虑这个法则,才能设置出最合理的目标,并能让自己变得更有干劲、更加投入、更加高效。

掌握"布利斯定理",做好事前计划

仅仅制定好目标还是不够的,为了确保目标能够实现,我们还需要提前做好计划。计划是连接目标与行动的桥梁,可以让我们知道现在自己正处于什么样的状态,还可以强化我们的内在动机,使我们明白自己可以通过怎样的行为达到目标。关于"做好事前计划"的问题,行为心理学家艾德·布利斯曾经做过一个有趣的实验。

布利斯将一批志愿者分成了A、B、C三组,让他们分别练习投篮,并记录了他们的命中率。之后,布利斯告诉志愿者:"我们要进行一个'提升投篮命中率'的实验,实验将持续20天,其间每组成员会得到不同的指令。请你们严格按照指令行动,20天后,我将再次统计你们的投篮命中率。"

就这样,三组成员按照布利斯的要求参与了实验。其中,A组成员每天都要拿出一定时间反复练习投篮;B组成员不用进行任何练习;C组成员在每天练习之前,先要进行20分钟的"计划"——他们需要在脑海中模拟自己投篮的动作,并从中找出自己做得不好的地方,再考虑如何纠正,等他们做好周详的"计划"后，才能投入练习，而他们练习的时长和A组是一样的。

实验结束后，布利斯亲自考查了他们的投篮情况，发现B组成员的命中率没有任何增长，这显然是缺乏必要的训练造成的；A组成员在坚持每天训练后，命中率提升了24%；C组每天先做计划，再做训练，命中率提升了26%，比A组还要高。

布利斯由此得出结论：想要实现某一目标（如"提升投篮命中率"），做好计划再行动要比无计划更能够提升成功率。他更进一步总结出了一条"布利斯定理"：用较多的时间为一项工作做好事前计划，最终为该项工作所花费的总时间就会减少。

这一点其实不难理解，计划能够为我们的行动提供一份具有参考性的模板，在做计划的过程中，我们能够发现之前没有想到的细节性问题，并可以提前设计好应对策略，因而可以达到事半功倍的效果。相反，要是缺乏有效的计划，做事就会缺乏条理、没有头绪，很可能会白白浪费时间却一无所得。为此，我们应当注意做好以下几个方面。

1.计划要简单而有效。

世界级管理大师彼得·德鲁克提出了一个叫"OGSM"的简明计划方法，这个方法可以被我们用在工作、学习和生活的各个方面。

"OGSM"的"O"指的是Objectives（长期目标、使命），是我们在做计划时应当始终遵守的方向；"G"指的是Goals（短期目标），是我们在做计划时应当关注的基础；"S"指的是Strategies（策略），也就是我们为了达成短期目标准备采取的措施；"M"指的是Measures（衡量），也就是衡量上述策略是否有效的指标。通过"OGSM"，我们可以抓住一个计划应当包含的要点，从而将自己的计划用简单、清楚的形式表现出来。

2. 让计划赶得上变化。

经常有人说"计划赶不上变化",所以他们认为做计划没有意义,其实这只是庸人之见。做计划的过程中必然少不了对未来进行一些初步的预测,哪些问题可能会突然出现,可以采取哪些措施去预防或补救,这些预测都可以写进自己的计划中,这样当我们在行动中真的遇到变化时,就能更好地应对了。

另外,做好的计划也不是一成不变的。我们完全可以在行动中检验各项安排是否合理,如果有不合理的地方,只要进行适当调整或弥补漏洞就可以了。随着计划的日渐完善,我们的行动也会更加得心应手。

3. 自我督促,促进计划顺利执行。

很多人喜欢用"我必须……"的句式来描述自己的计划,他们认为这样会让自己产生一种压力,能够强化动机,促使自己自觉地执行计划。但压力施加过度,内心深处会不知不觉产生抵触心理,倘若意志也不够坚定的话,就很难坚持做下去。

所以心理学家建议我们用"如果……就……"的句式来重新描述计划。比如,将"我必须每天投篮30次"改为"如果晚上回家后比较空闲,我就练习投篮30次",这样做的好处是将"命令"转化为一种带有自由意愿的"选择",会让我们在心理上感觉轻松一些。

不仅如此,我们在用"如果……就……"描述计划时,还可以加入具体的时间、地点,这会形成一种心理暗示。设置好计划后,我们可以经常对自己默念这些计划,有助于增强心理暗示的作用,使我们能够在潜意识的影响下,自觉地执行计划。

警惕"半途效应",别在目标中点半途而废

尽管拥有了目标和计划,我们在行动中仍然不能掉以轻心。有很多人兴冲冲

地朝着自己的目标前进，却常常会提前宣告放弃。这种情况被心理学家称为"半途效应"，指的是在完成目标的过程中，因为心理因素和环境因素的交互作用，导致动机减弱或消失、行为提前终止的一种负面现象。

姜悦在一家网站担任美工，她一直有一个梦想，就是做一名法语翻译。所以她会在每天下班后用一两个小时的时间学习法语，目标是在一年内掌握基础口语。

在最初的三个月里，她一直努力学习，还上网查找各种学习方法，她感觉自己的进步很快。然而，随着学习难度不断提升，她发现要掌握的词汇越来越多，想要记牢新词也变得很不容易。而且她发现自己总有几个发音说得不标准，为了及时纠正发音，她听了不少法语歌，还看了一些法语电影，跟着剧中人练习了一阵子，却发现效果还是不理想。

这种情况让她产生了强烈的挫败感，以至于每次开口发那几个音时，她都会觉得很别扭，学好法语的信心也慢慢减弱了。

到了第六个月的时候，她实在坚持不下去了，便把所有教材都放进袋子束之高阁……

姜悦遇到的情况在现实生活中并不少见。心理学家也收集过大量的真实案例，发现这种情况最容易出现在距离目标完成还有一半的时候。此时，人们的心理是最脆弱、敏感的，原本强烈的动机也常会减弱到最低水平。

之所以会出现这种情况，主要有两个方面的原因。

1. 目标选择不够合理。

有的人不顾自身的实际情况，不审视客观条件，就盲目树立难以实现的目标，在行动时才感觉困难重重，情绪也会越来越沮丧、焦虑。好不容易熬到"半途"，他会发现目标完成遥遥无期，在看不到结果的情况下便会选择放弃。

2. 个人意志力薄弱。

有的人因为自身不够坚定，一遇到挫折便会产生自我怀疑，情绪也变得十分低落，很有可能坚持不到"半途"就会提前宣告失败。

想要克服"半途效应"，我们首先要做好调整目标的工作。心理学家建议我们可以制定稍微高出个人能力，但又不会高出太多的目标，这样在实现过程中不会产生太多的挫败感，更容易跨越"任务中点"这个关键时期。

另外，在实现目标的过程中，我们还可以将大目标细分为一个个阶段性的小目标，一步一个脚印、扎扎实实地完成，这也有助于杜绝"半途效应"的出现。

当然，我们也要注意磨炼自己的意志力和抗挫能力，即使遇到了暂时的失败，也不能轻易退缩、逃避，而是要以积极的心态去面对，从而战胜困难，迎来成功。

耶克斯-多德森定律：找到最佳动机水平

在设定好目标，处理好动机"方向"问题后，我们还应当注意调整好"强度"。动机并不是越强越好，很多时候，人们越是迫切想要做到某件事情，也就是动机越强，结果却常常事与愿违。

这种情况可以用心理学上的"耶克斯-多德森定律"来解释。耶克斯和多德森是两位心理学家的名字，他们通过大量研究发现，工作或学习的效率与动机水平之间存在以下这几种关系。

第一，如果任务难度不大，同时人的动机水平也较高的话，人们在工作或学习时的效率水平相对也较高。

第二，如果任务难度适中，同时动机水平较高的话，效率水平反而会呈现出

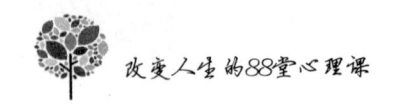

下降趋势。

第三，如果任务难度较大，或是任务流程比较复杂，此时动机水平越高，效率下降得就越快。

如果将"耶克斯－多德森定律"用具体的图像来表现的话（动机水平为横轴、效率水平为纵轴），呈现在我们眼前的会是三条倒 U 形的曲线。曲线的最高点都对应着中等的动机水平，而不是最低或最高的动机水平。也就是说，中等强度的动机最有利于任务的完成，而动机水平过低或过高都会导致效率下降、行动效果变差。

之所以会出现这样的情况，是因为过强的动机让我们的心理处于高度紧张状态，会产生焦虑、紧张的情绪，使注意力无法集中，思维的灵敏度下降、脑海中的记忆也无法被顺利"提取"，工作、学习的效率自然会大受影响。

李刚准备参加一个非常重要的考试，考试的结果直接关系到他能否评上职称。因此他十分重视这件事情，在考前花了几个月时间做了充分的准备，自己还进行过几次测试，成绩都很理想。

尽管如此，李刚却还是觉得自己的准备不够充分。就在考试前的那天晚上，他还在拼命地复习，生怕自己会错过重要的知识点。

第二天，他带着紧张的心情走进考场，一拿到考卷，看到上面的题目，他忽然觉得大脑里一片混沌，什么都想不起来……最后，他的考试成绩果然很糟糕，影响了职称评定，这让他感到十分沮丧、难过。

在生活中，类似这样的事情并不少见。比如，很多平时成绩优秀的学生在高考考场上意外失利，一些平时训练水平相当出色的运动员在国际大赛上发挥失常，痛失奖牌。这其实并不是因为他们的实力不够，而是因为他们想要获得胜利和荣耀的内在动机太强,导致心理压力太大,精神过于紧张,才会屡屡出现发挥失常的问题。

由此可见,越是在面对重大挑战、考验的时候,我们就越是要学会调整自己的内在动机。为此,我们应当客观地评估自身的能力,确定合理的目标,使自己能够从容应对。

另外,在准备行动前,我们不应把"弦"绷得太紧,更不能刻意对自己施加压力。比如,有的学生会在考试前对自己说:"我应当不惜一切取得好成绩!""我可千万不能考砸了,要不一切都完了!"类似这样的话语其实就是在强化动机,很容易产生反作用。

因此,我们应当尽量纠正这些不正确的想法,并让自己放松心情,恢复到中等的动机水平,才能在工作、学习中取得较好的表现。

用"期望价值"激活追求成功的欲望

在面对不同的任务时,我们的动机会有明显的差异。有时我们会全力以赴做某件事情,不达目的绝不罢休,可有的时候,我们又会表现得动机匮乏,即便任务最终取得了成功,我们也感受不到太多的成就感和满足感。这样的情况,可以用心理学上的期望价值理论来解释。这个理论是动机心理学最有影响的理论,是由心理学家阿特金森提出的。

他认为个体的成就动机强度由成就需要、期望水平和诱因价值三者共同决定。简单地说,成就需要是你对成功到底有多么渴望,期望水平是你认为自己获得成功的概率有多高,而诱因价值是成功能够给你带来多少价值和满足感。

在这三个因素中,期望水平和诱因价值是彼此对立的。也就是说,任务难度越大，你的预期成功概率越低，在完成任务时成就感就会越强烈。

徐斌在某公司担任设计师，因为资历尚浅，只能做一些最基础的工作。为了锻炼自己的能力，徐斌决定在网上接单。

这天，一位客户找到徐斌，希望他能帮忙设计一套手机 APP 应用界面。徐斌发现这个任务很有难度——客户要求页面风格统一，体现出 APP 的调性，而且要和市场上的同类产品有明显差异。

和客户沟通完毕后，徐斌的心中有些忐忑，害怕自己会把事情搞砸。可他转念一想，觉得这或许会是一个锻炼的好机会。于是他给自己安排好工作计划，每天下班后拿出 4 个小时，先从研究同类产品的风格入手，确定好自己想要的风格，再绘制草图和交互图，最后设计效果图……

连续工作了 10 天后，他终于拿出了一份让客户满意的方案。收到客户支付的佣金时，他激动、兴奋到了极点，自尊心、自豪感空前提升，觉得世界上再也没有任何事情能难住自己，这样的感觉是他在平时的工作中不曾体会过的……

徐斌接到了一个高难度任务，因此他对完成这个任务的期望水平较低，但他对成功的渴望十分强烈，成功后获得了巨大的满足感和成就感，在三种因素的共同作用下，他的成就动机变得非常强烈，使他充满干劲想要继续去做这样的事情。

由此可见，期望价值理论的三个因素是相辅相成，缺一不可的。我们如果想要强化做某事的动机，让自己干劲十足地投入其中，也需要从这三个因素入手进行调整。

1. 走出舒适区，调整期望水平和诱因价值。

在舒适区中的人们，对自己所做的事情有十拿九稳的把握，也就是期望水平很高，但也少了很多惊喜和成就感，即诱因价值很低，导致人们有一种浑浑噩噩的感觉，对待工作也是"当一天和尚撞一天钟"，不利于自我的提升和发展。

因此，我们应当主动走出舒适区，向更高难度的任务发起挑战，这当然是很不容易的，有时还会招来失败的结果，但只要我们敢于尝试，就能够激活停滞的人生。

2. 找到自己真正想要的价值，提升成就需要。

心理学家麦克利兰对很多高成就型动机的人进行过研究，发现他们都有较强的成就需要，而这是因为他们认为自己在做的事情是重要的和有价值的（这种价值不是金钱报酬，而是个人成就所带来的心理满足），所以他们不但愿意去做这类事情，还会认真考虑该如何把事情做到最好。

我们在做事前也需要找到自己最看重的价值。比如，做这件事能够为自己带来额外的资讯，或是能够拓展自己的人脉和视野，或是能够提升创造力和思维能力，等等。找到了价值，我们就会对成功更加渴望，也就是成就需要变得非常强烈，这对于强化动机是很有帮助的。

不可忽视的"正强化"作用

或许你已经注意到这样的情况，当自己的某种行为获得了好的结果后，为了继续获得这样的结果，你会一次又一次地主动重复这种行为。这种情况其实就是心理学家斯金纳所说的"正强化"。

斯金纳做过这样一个有趣的实验，证明了强化作用的存在。

斯金纳精心设计了一个实验箱，它的内部结构非常精巧，包括杠杆机关、食槽、照明小灯等装置。

在进行实验时，斯金纳挑选了一只健康活泼的小白鼠，把它放进了箱子中。小白鼠好奇地在这个新环境里到处探索，过了一会儿，它觉得十分饥饿，想要找东西吃，却没在箱子里发现食物。

突然，小白鼠的爪子按到了杠杆，触动了机关，释放出一个小小的食球。食球掉进了食槽，小白鼠赶紧爬上去，吃掉了食球。又过了一会儿，小白鼠又饿了，它像之前那样到处探索，又一次触动杠杆，得到了一个新的食球……

重复数次后，小白鼠发现自己只要触动杠杆，就会立刻获得食球，所以它会有意而积极地按压杠杆。发现这种情况后，斯金纳调低了食球掉落的概率——每次按压杠杆不一定会掉出食球，但小白鼠的积极性变得更高了，它会不停地按压杠杆……直到斯金纳拿走了所有的食球后，小白鼠连续按压了几十次都一无所得，它才彻底放弃，不再重复做这个动作。

后来，斯金纳进行过大量类似的实验，并提出了强化原理，指出结果会对行为产生强化作用。而发生在小白鼠身上的就是正强化，是一种积极的、良好的强化作用。

在了解了正强化的原理后，我们可以用它来激励自己努力学习和工作。比如，在学习过程中，我们可以设置不同难度的学习任务，再定好相应的奖励。之后每完成一个任务，就对自己进行奖励，可以起到正强化的作用，使自己能够主动巩固专注学习的行为，学习的效果也会越来越理想。

不过，在应用正强化时，我们应当注意做好以下几点，才能发挥出最理想的激励作用。

1. 合理设置任务难度。

我们给自己设置的工作或学习任务难度不应过大，否则长时间完不成任务，得不到奖励，就会打击我们的积极性，让学习动机减弱；但任务也不应设置得过于容易，否则轻易便能获得奖励，无法让内心受到触动，也达不到正强化的作用。

因此，我们应当设置"付出一定努力后可以完成的任务"，这样才更具有挑战性。完成任务后产生的成就感，会让我们觉得非常欣喜、自豪，可以让正强化的作用充分发挥出来。

2. 合理设定"奖品"的种类。

在设定"奖品"时，我们也不能过于随意。比如，有的人喜欢在完成学习任务后奖励自己玩游戏，结果因为自制力不足，陷入了玩游戏的快乐中难以自拔，反而影响了正常的学习。

由此可见，我们应当注意挑选能够让自己继续获得提升的"奖品"，像买一本有意义的书籍，看一部经典的电影，享受一次能够增长见识的旅行，等等。这样既能达到正强化的作用，又对自身成长很有帮助。

用积极的"自我实现预言"逆转人生

心理学上有一个自我实现预言，也叫自证预言效应，说的是在某些情况下，抱有什么样的预期，就会出现预期的结果，这种情况就好像是预言成真了一样。对这一点，心理学家罗伯特·罗森塔尔早已用实验进行了证明。

1968年，罗森塔尔和助手来到了一所小学，他们从每个年级挑选了3个班级，然后让这些学生做了一些测试题。之后，罗森塔尔收集了结果，从中挑选了一些学生，将他们的名字加入"最有发展前途的孩子"名单中。罗森塔尔把这份名单交给校长和负责这些班级的老师，并悄悄告诉他们："这些孩子有着最好的未来发展趋势，不过请你们务必保密，不要向孩子们透露这个消息。"

几个月后，罗森塔尔再次来到这所学校，对名单上的孩子进行了调查，发现他们与过去相比有很多明显的进步：学习成绩提升了，性格变得开朗了，自信心和求知欲更加旺盛，人际关系也比过去好了很多。

这样的结果让罗森塔尔感到非常意外，因为他当时向校长和老师说了谎：他不是预言家，那个测试也没有办法证明哪些孩子在未来会有更好的发展，他只是随机挑选了一些孩子，做了一份名单，却没想到会有这样的结果。

罗森塔尔实验让我们看到了自我实现预言的奇妙之处。老师深信名单上的孩子前途无量，所以对他们特别重视，平时在语言、行为中不自觉地表现出了对孩子的器重。而孩子在接收到这种良性信号后，对自己也会有更高的期望，从而更加努力学习或好好表现。这种积极的反馈又反过来激发了老师的教学热情，由此便会形成一种正向循环，使得这些孩子变得越来越优秀。

当然，自我实现预言并不总会导向积极的后果。如果人们抱着消极的预期，就会让事情向着糟糕的方向发展。比如，在接受了一个难度较高的任务时，有的人会想："我肯定做不好这件事。"此时，他的心理动机会减弱，在行动上趋于逃避和放弃，最后任务真的失败了，他不但不会进行反省，反而会对自己说："我就知道会是这样，幸好我没怎么努力。"像这样的消极预言，是我们应当努力打破的。为此，我们可以在行动前做好这几点。

1. 不要做先入为主的判断。

无论对人还是对事，我们都应当在了解足够多、足够准确的信息后才能做出判断，不要急于根据第一印象得出结论。比如，学生认为"我肯定学不好这门课"，管理者认为"我和这个员工肯定合不来"，这些消极的"预言"会对自己的认知和行为产生错误的导向作用，而认知和行为又会对事态发展造成不良的影响，所以一定要注意避免。

2.走出消极的逻辑思考。

在工作、学习、生活中遇到不如意的事情是很正常的,我们不能将不好的结果与消极预言联系在一起思考。比如,在工作上没能获得提拔与很多原因有关,我们应当综合分析,寻找自我改进和提升的办法,而不要马上进行这样的联想:"我就知道自己不适合这份工作。"这样的消极思考解决不了问题,还容易引发失落、沮丧、绝望等负面情绪。

3.让积极的"预言"发挥作用。

我们还应当审查自己的习惯用语,看看自己是不是经常把"我不行""太糟了""这不可能"之类的消极用语挂在嘴边。

心理学家建议我们把这些用语从自己的字典中删去,代之以积极的用语,如"我一定可以""我相信自己能做到",等等。这就相当于在做积极的"自我实现预言",能够改变自己的态度和行为,从而让结果向着不一样的方向发展。

学会正确归因,理性认识成败的原因

在漫长的人生道路上,取得成功或遭遇失败都是非常正常的事情,人们也会很自然地为成功或失败寻找原因、做出解释,这个过程就是心理学家所说的"归因"。归因的结果会直接影响人们之后的行为方式和动机强弱。

归因理论的提出者是社会心理学家海德,他将成败的原因简单地归结为环境和个人两个方面。像他人的影响、获得的奖惩情况、工作的难易程度等被归入环境原因,个人无力改变这些原因,也无须对此负责。而个人原因则包括个人的能力、人格特质、动机强弱、努力程度、情绪稳定程度等,是个人应当负责的。

某企业进行了年终绩效评估，刚工作一年的新员工卓文评分很不理想，直接影响了当年的绩效奖金。卓文对此很不满意，他一直认为自己对待工作认真负责，与同事相处也很和谐，至于绩效不佳的原因，主要是因为领导交办给自己的任务总是太难，提出的标准也过高，让自己一个新员工经常有无从着手的感觉。所以他对绩效评分提出了质疑，甚至要求领导降低给自己的任务难度。

收到卓文发来的意见反馈后，领导不禁哑然失笑。在他看来，卓文业绩不理想的主要原因是工作积极性不够、态度不佳。每次接到任务后，卓文的第一反应就是推诿敷衍，他总说自己"没有经验"，却不肯主动向同事、领导请教，无法在实践中累积经验、提升办事能力。

一年下来，领导没能在卓文身上看到明显的进步，不免感到十分失望，所以才会给卓文较低的评分……

在这个案例中，卓文将绩效评分不佳的原因归结为工作任务难度太大，这属于环境原因，进行了这样的归因后，卓文便有借口不必为这件事情负责。可领导的看法却正好相反，他认为是卓文的个人原因导致了这样的结果，而卓文必须对此进行反省，发现自己身上存在的问题并加以改正，才能从根本上改变绩效不佳的现状。

心理学家韦纳进一步发展了海德的理论，认为人们在归因时更偏向于六种因素，即能力、努力程度、任务难度、运气、身心状态和其他一些外部原因（如是否获得了别人的帮助，是否遭到了不公平的评价等）。韦纳将这六个因素归为三个维度。

第一，按照成败因素的来源，可以分为内在归因和外在归因。

第二，按照成败因素会不会随着情境的改变而改变，可以分为稳定性归因和不稳定性归因。

第三，按照成败因素能否由个人意志决定，可以分为可控归因和不可控归因。如果将这三个维度和六种因素综合起来，就会形成下表所示的归因模式表。

六因素			能力	努力程度	任务难度	运气	身心状态	外部环境
三维度	内外在性	内在	+	+			+	
		外在			+	+		+
	稳定性	稳定	+		+			
		不稳定		+		+	+	+
	可控性	可控		+				
		不可控	+		+	+	+	+

在归因模式表中，我们可以看到"能力"属于内在的、稳定的、不可控的因素（用"+"表示），"努力程度"属于内在的、不稳定的、可控的因素，"任务难度"为外在的、稳定的、不可控的因素，其他因素依此类推。

不难发现，六种因素中只有努力程度是可控因素，其他因素都是不以个人意志为转移的。这也提醒了我们要多做内在的、可控的归因，如进行"努力归因"——之所以获得成功是因为我们付出了足够的努力，之所以遭到失败是因为努力的程度不够，这样才能为自己带来积极的情感体验，从而激励自己不断付出更多的努力。

与此同时，我们要尽量少做外在的、不可控的归因，因为这会让我们有一种无力改变现状的挫折感。比如，案例中的卓文将绩效不佳归因于"任务太难"，这样他在接到任务后内心就会有一种恐惧感和抵触感，不敢也不愿付出努力去完成任务。再如一些学生把"考试失利"归因于自身能力不足，而能力又是一种稳定且不可控的因素，短时间内无法获得快速的提升，这时心中就会自然而然地产生一种无助感，更有可能引发习得性无助，觉得自己做什么都是没有意义的，类似这样的情况都应当注意避免。

改变负向期待，提升自我效能感

在面临比较艰巨的任务时，人们的第一想法会有很多差异。有的人会想："事情看上去很难，但我觉得自己能行。"于是，他们全身心地投入工作，做出了不少成绩。也有的人有过多的忧虑："这件事很有难度，我真能做好吗？""如果我把事情搞砸了，后果会不会很糟糕？"带着这些负面的想法，他们常常会采取回避、退缩的态度，遇事很难发挥出全部的能力。

上述这两类人最大的区别就是自我效能感的高低。自我效能感是心理学家阿尔伯特·班杜拉提出的概念，指的是"人对自己能否成功从事某一成就行为的主观判断"，它会影响人们的认知、动机、情绪和选择。自我效能感低的人，完成目标的动机不足，情绪状态也会比较消极，工作绩效会受到不良影响。

汤斌在某公司的质检部门担任质检员，他所在的班组共同负责一条生产线的检验工作，如果出现了问题，整个小组都会被扣发奖金。这条规定让汤斌颇有心理负担，每天工作时他都会不停地对自己说："千万别出错。"

可他越是紧张、担心，就越是容易出现纰漏。有一个月，他竟然连续三次漏检、误检产品，导致全体班组成员被通报批评。虽然同事们没有怪罪汤斌，但他还是觉得十分内疚，工作时更提不起劲来。

班组长老汪对汤斌的情况十分关注，眼看着汤斌在工作中越来越畏首畏尾，老汪决定采取措施帮帮他。于是，老汪调整了岗位顺序，让汤斌负责一些基础性的工作，还安排了一位工作年限相近的优秀员工与汤斌组成互助小组，使他不会有被孤立的感觉。

在同事的指导下，汤斌慢慢找到了工作窍门，再加上从事的岗位难度较低，让他找到了一些"胜任感"，出错率有所下降。

与此同时，老汪也在细心观察着汤斌的表现，当他发现汤斌比之前有所进步时，就当众表扬了他，还鼓励他向下一个岗位发起挑战，不断提升技能，争取在年内评上"技能标兵"。

在老汪和同事们的帮助下，汤斌整个人的精神面貌焕然一新，不再害怕出错，也不回避有难度的工作，表现得越来越积极、自信。

案例中的汤斌因为害怕给班组抹黑，心理压力很大，导致工作出现失误，而这让他的自我效能感严重下滑，因而变得畏缩不前、情绪焦虑。

这里所说的"自我效能感"与"自信""自尊"有相近之处，但又有明显的区别。自我效能感包含个人的两种期待，一种是对个人能力的期待，即效能期待，指个人认为自己是否有足够的能力做到某事。另一种是对结果的期望，即结果期待。

在汤斌身上，这两种期待都出现了问题。一方面，他认为自己没有足够的能力做到"零出错"，这是一种负向的效能期待；另一方面，他还没有接受任务，就主观预测自己肯定会出现再次出错的结果，这是一种负向的结果期待。

这些期待的产生，与我们过去的成败经验有很大的关系。比如，汤斌就是因为有过连续失误的经历，所以格外怀疑自己的能力，从而悲观地认为会出现不好的结果。

想要改变负向期待，提升自我效能感，我们可以参考班组长老汪的做法。

1. 增加成功经验。

在自我效能感下降以后，我们可以调整任务难度，从事一些容易完成的事情。比如，老汪安排汤斌去做基础性工作，这样能够增加"成功经验"，提升汤斌对

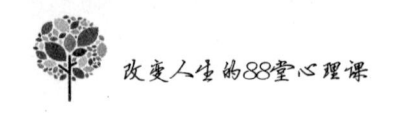

自我能力的认知，从而改变负向的效能期待。

2. 制造替代性经验。

别人的成败经验有时也会影响自己。比如，和自己条件相同或相似的人取得了突出的成绩，这种替代性经验能够很好地鼓舞自己，有助于提升自我效能感。老汪也是出于这个原因，才安排了一位条件相近的优秀员工来"带动"汤斌，使他获得了进步。

3. 适时鼓励。

心理学家还发现，他人对自己进行说服性的建议、劝告、鼓励，也能够增强自我效能感。比如，老汪在发现汤斌有进步的迹象时，抓紧机会当众鼓励他，使他重新燃起信心，愿意接受挑战，自我效果感从而得到明显的提升。

CHAPTER 04

第四章

进化思维，突破认知局限

心智模式：根深蒂固的假设影响你的人生

心智模式，也叫心智模型，最早是由心理学家肯尼斯·克雷克创造出来的，之后得到了众多心理学家的重视和深入研究。简单地讲，心智模式就是深深植入我们脑海中的关于世界、他人、自我的假设，它会影响我们的思维模式、行为模式、情绪模式。

陈乐和田宇一起进入了一家公司，从事销售工作。他们两人都是初出茅庐的新人，在知识水平、沟通能力、业务能力上没有太大区别。可在试用期过后，陈乐因为业绩突出获得了正式录用，而田宇却因为没有做成一单生意而惨遭公司清退。

问题出在哪里呢？原来，在两人刚入职时，主管建议他们每天各自拜访六个客户。在最初的三天里，两人坚持拜访，却始终没有成交。

此时，田宇很自然地想：拜访客户这种过时的老办法不适合我，我还是坐在办公室里打打电话吧。凭我的口才，再加上一点努力，怎么也能做成一单生意。于是他不再外出，而是按照自己的想法去找客户，可惜事与愿违，给客户打电话时，他遭到了更多的拒绝。这让他对"电话拜访"又产生了怀疑，决心采用其他办法……

那么，陈乐在做些什么呢？在遭遇了三天的失败后，他对自己说："一定是我还不够努力。要知道,没有谁是随随便便成功的,我必须付出更多,才有可能得到客户的青睐。"

于是,他将每天拜访的客户人数提升为八人,每天早上8点就从公司出发,下午6点回来后,还要对一天的"战况"进行复盘。他对那些有效拜访进行了详细的总结,并且整理好客户资料,为第二天的工作做好准备……

功夫不负有心人,半个月后,陈乐找到了自己的第一个客户,签下了第一笔单子……

陈乐和田宇之间最大的区别就是心智模式的不同。在面对同样的挫折时,陈乐会用积极、开放、乐观的心智模式去应对,进而产生积极的思维、情绪和行动,因而能够获得成功。

相反,田宇的心智模式却是消极、封闭、富有破坏性的,他把失败归咎于"方法过时"这样的外部因素,却不从内部因素,如能力、努力等方面下功夫,这是典型的"自我服务偏见",必然会将他引向失败的结局。

为了避免出现田宇这样的消极结果,我们应当注意改善自己的心智模式,以便能够真正掌控自己的人生,而这可以从以下三点做起。

1. 认清自己的心智模式。

心理学家将这一步骤称为"把镜子转向自己",也就是要看清楚自己的认知、思维、行为是如何形成的。经常进行这样的"自省和反思"训练,能够提升我们对心智模式的觉察力。我们会逐渐发现那些隐藏在内心深处的富有隐蔽性的假设、规则、逻辑和成见,并能够发现其中不合理的成分。

2. 对消极心智模式加以改善。

有的人在遭遇失败后会对自己的能力产生强烈怀疑,认为自己再努力也无法产生实际的作用,这就是一种典型的消极心智模式,应当立刻进行改变。为此,这类人需要正确衡量自己的实力和潜质，提升自信心，建立积极的信念，相信自己只要付出足够的努力，就能够克服眼前的问题。

还有一些人喜欢抱怨环境，认为自己总是"怀才不遇"，这也是需要改善的消极心智模式。这类人应当多从自身寻找失败的原因，并学会分析环境中积极的因素，从而变成拥有生活热情的人。

3. 通过学习修正心智模式。

我们还可以通过阅读、学习、人际互动等多种渠道获取更多新的信息，以开阔自己的视野、活化自己的思维。另外，我们也可以了解更多新的思考逻辑，掌握更多的规则，在此基础上便可更新自己的思考路线，修正心智模式，使自己获得更多的提升机会，还能为之前困扰自己的很多人生难题找到答案。

必须指出的是，心智模式存在于潜意识中，会在不知不觉中操控着我们的思维和情绪。所以要想让积极的心智模式发挥作用，我们还需要反复练习，才能让一些正确的价值观、科学的规则、合理的逻辑成为牢固的信念，进入潜意识层面，指导我们的认知、判断和行为，使我们能够突破人生瓶颈，更好地驾驭自我。

摆脱应该思维：分清愿望和"应该"，做自己的主人

应该思维是防御性心智模式的一种，带有一定的隐蔽性，也许我们并没有发觉它的存在，却会在不知不觉中走进思维的陷阱。

我们总是觉得世界"应该"按照自己期待的方式运转，他人"应该"按照自己希望的样子说话、做事，而自己也"应该"有一些非常良好的行为表现。可真实情况却常常与这些头脑中的"规则"相违背，此时我们就会产生很多负面情绪

和消极心理。

38岁的柳菲在一家公司从事管理工作，她进入公司已有10年，虽说业绩上没有太大的亮点，却总觉得自己"没有功劳，也有苦劳"，所以理应获得升职。然而，每次提拔的名单上都没有她的名字，这让她十分失望，整天在办公室里抱怨制度不公，领导识人不明。

工作做得不顺心，回到家里，柳菲也没有感觉轻松多少。她的儿子刚上三年级，因为玩心太重，学习成绩一直很不理想。柳菲每天在单位已觉得筋疲力尽，却还要给儿子检查作业、辅导功课。可她虽然费尽心思，但儿子在学习上就是"不开窍"，很多简单的题目都会做错，让她觉得十分无奈。

"我付出了这么多心血，却看不到他有一点进步，这孩子真是不争气！"她气呼呼地对丈夫抱怨道。此时，丈夫恰好在忙工作上的事情，随口敷衍了她几句，她又觉得丈夫不够关心自己和孩子，心中更加郁闷，竟当场哭了起来，一边哭还一边委屈地说："为什么别人都过得那么幸福，而我却总是遇到不顺心的事情？"

案例中的柳菲似乎对人生中的一切人和事都觉得不满意，而这正是应该思维造成的恶果。这种思维具有对外和对内两种指向。

第一，对外的"应该"思维。柳菲认为自己在工作中付出了"苦劳"，就"应该"得到升职嘉奖。她还觉得自己花费了心血，孩子就"应该"变得非常优秀，丈夫也"应该"每时每刻关心自己。这就是一种指向外部的应该思维，持有这种思维的人会对外部世界和他人有不合理的要求，觉得别人理所应当做到自己期盼的事情，而当事情的发展不如自己的心愿时，就会感到很不满意，甚至会出现严重的沮丧、愤怒情绪。

第二，应该思维也有指向自身的情况。柳菲对自己有过高的期待，认为自己"应该"有一份体面的工作，"应该"比他人过得幸福……在一段时间后，她没有看到自己盼望的结果，就会绝望地下结论，认为自己是失败的、无用的。

非常显然，这种对外、对内的应该思维，不但阻碍了我们的自我发展，还带来了强烈的心理压力，让人感到十分痛苦、压抑。如果想要摆脱应该思维，不妨参考心理学家提供的两点建议。

1.将注意力集中在自己能够控制的事情上。

我们首先要学会承认这样的事实：这个世界并不是按照我们制定的规则运转的，很多事情的发展方向是我们无法控制的，很多人也不会心甘情愿地按照我们的想法行事，所以我们不必刻意强求。

在工作和生活中，我们要学会"一分为二"地看待问题，即将自己的注意力从无法控制的事情上转移开，转向那些自己能够控制的事情，这样就不会总是觉得自己的人生充满了痛苦和不如意。

2.用"我希望"代替"应该"。

我们还应当将主观愿望和客观现实分开，当自己不由自主地说出"……应该……"的时候，要立刻提醒自己这样的想法是错误的，并可以将它用"我希望……但是……"重新表述一遍。比如，一位新入职的员工认为自己是没有经验的新手，所以老员工"应该"指导自己，使自己能够快速适应新的工作环境，这其实就是一种应该思维——老员工并没有义务牺牲自己的时间和精力带新人。所以新员工应当调整想法，对自己说："我希望老员工能够指导我，但如果他们不愿意这么做，我也能够理解。"

如果一个人能够像这样重新认识自己的愿望，就不会总是对他人或自己抱有过高的要求，也就不会在愿望落空时产生巨大的心理落差了。

跳出绝对化思维：人生并不是非黑即白

你在认识事物和人的时候，会犯绝对化的错误吗？比如，遇到了一些挫折，就认为自己"永远都不会成功"；和他人发生了矛盾和争执，就认为"天底下没有一个好人"……类似这样的想法就是典型的绝对化思维，习惯用这种思维思考问题的人特别喜欢总结规律，但他们的依据不充分、不客观，得到的结论不能反映事实，可他们却信以为真，并会受到这种结论的影响，变得消极、盲目。

刘鑫是一名刚上岗的电话推销员，虽然她已经经过了一个星期的岗前培训，却还是觉得忐忑不安，生怕自己会表现不佳，影响与客户的沟通效果。

这天上午，她拿起自己整理好的客户名单，鼓足勇气拨打了第一个电话，可她刚刚说完"您好"，客户一听是陌生的声音，就立刻把电话挂掉了。刘鑫再打过去，客户看到是同样的号码，直接选择拒听。

刘鑫失望地放下话筒，心想："一定是我的声音太难听，或是语气讨人嫌，才会让客户连听下去的欲望都没有。看来我不适合做这份工作，就算我一直打下去，结果也会是一样的……"

刘鑫越想越伤心、绝望，甚至萌生了辞职的想法，幸好主管注意到了她的异常表现，关心地问她遇到了什么困难。

等主管听完刘鑫的诉说后，只觉得哭笑不得，他无奈地说："做电话销售遭遇拒绝是很正常的事情，有的客户暂时没有购买欲望，有的客户戒备心理较强，还有些客户单纯是心情不好，不想接电话，这些都是有可能出现的情况，你为

什么非要说自己不适合这份工作呢?"

主管对刘鑫进行了一番劝解,还请其他同事"现身说法",告诉刘鑫谁都有过被拒绝的经历,刘鑫这才相信客户并不是故意针对自己。在主管和同事的鼓励下,她擦干眼泪,开始一个一个拨打起了电话……

刘鑫在遭遇挫折后,产生了绝对化思维,认为自己"绝对"不具备相应的工作能力、"绝对"会遭遇更多的失败,这种思维会让她失去正确分析问题的能力,只能根据表象得出简化的结论,却看不到事物还有更多的可能性。在她的绝对化思维中,主要存在以下几种错误。

首先,将暂时性现象当成永久现象。万事万物都在发展变化中,暂时的能力不足不代表以后不能够提升能力。就像当时的刘鑫可能还不太胜任这份工作,但随着时间的推移、经验的增长,她在工作中会感到越来越得心应手,所以她不应当用悲观、绝对的眼光看问题。

其次,将偶发性现象当成普遍现象。很多人喜欢从偶然现象中总结规律,但因为样本过于单一,得到的结论也是片面的、不可靠的。像刘鑫偶然遭到了一次拒绝,就认定自己以后一定会被拒绝的想法是错误的。

最后,将个别对象推广为一类对象。绝对化思维还会让人犯"泛化错误",也就是把某个对象身上的缺点泛化到一类对象身上。比如,刘鑫遇到了一个没有耐心、不懂礼貌的客户,她不应该据此推断出所有客户都有这种问题,这显然也是不合理的。

在发现了绝对化思维的错误之后,我们可以从以下几个方面调整认知。

1. 丰富阅历、拓宽见识。

这可以帮我们认识到万事万物是丰富多彩、复杂多样的,不能用简单的"对错""成败""美丑""好坏"等字眼来评估和判断。

2.承认和接受"世事无绝对"。

在面对实际问题的时候，也要做好充分的心理准备，要预先考虑到可能出现的错误、可能遭遇的失败，这样即使真的遇到不好的结果，也能保持心境坦然，不会无休止地贬低自己，让自己陷入痛苦的负面情绪中。

3.在评价他人的时候，不要给出极端化的结论。

比如，不能因为一个人在某方面有缺点，就武断地下结论，认为他是一个"差劲的人"；更不能推而广之，认为与这个人具有同一类特质的人都有这种缺点。

总之，绝对化思维只会将我们引入歧途，所以我们应当尽早跳出这种思维，才能让自己的头脑变得更加清晰，情绪、心态也会变得更加平和。

停止恐怖化思维：事情没有你想象的那么糟糕

你会经常把事情往最坏的方向想吗？你会因为自己的想法而陷入强烈的恐惧情绪中吗？这样的情况就是恐怖化思维，它由心理学家阿尔伯特·埃利斯提出，也叫灾难化思维，指的是个体过分夸大事件的消极后果，对未来总是持有非常糟糕的预期，并会把微小的缺陷看成不可救药的灾难。

丁明在一家银行担任中层经理，他的工作能力很强，受到上级的器重、下属的尊敬，但谁都不知道丁明的内心竟会有那么多恐惧和忧虑。

原来，丁明的工作职责非常重要，他总担心自己会在决策上出错，从而影响整个部门的正常运转。也因为这样，他总会为一些小事担心不已，如某个星期一的早上，他本该主持部门会议，但一到单位，他就被通知去处理另一件事情，导致整个上午的安排被打乱，会议也被推迟到一个小时后举行。

为了节省时间，他不得不临时修改议程，缩短发言，但会后他总是担心自己没有把问题讲清楚，导致下属领会错误，这样在执行时就会出现许多麻烦。各种糟糕的念头开始在他的脑海中不停地涌现，让他越发焦虑、恐惧。

"万一他们捅了大篓子该怎么办？""万一最后一切问题都被认为是我导致的，该怎么办？""我或许会失去这份工作。""天哪，我该用什么去还房贷、供养家人……"他心烦意乱、恐惧不安，根本没有办法继续工作下去。

仅仅只是一次会议没有安排妥当，并不一定会引发严重的后果，可丁明却对所有问题进行了恐怖化、灾难化的思考，用"万一……怎么办"的句式将自己一步步推向了最坏的结果，并且直接影响了他的行为、情绪，使他无法正常工作、学习和生活。

要想停止这种恐怖化思维，丁明可以通过以下三个步骤来实现。

1. 监控并识别恐怖化思维。

像丁明这样的人必须学会观察自己的思维，一旦出现了非理性、极端化的思维，就要提醒自己立刻停止。比如，可以大喝一声，或是拍一下桌子，给大脑传递一个强烈的信号，让自己暂时从不好的念头中摆脱出来。

2. 进行自我探究。

在叫停恐怖化思维后，我们可以对自己提出一系列问题，再逐一解答。比如，我们可以问问自己："我为什么会这么想？""这样想为什么会让我感到恐惧、焦虑、烦躁？""之前我遇到过这样的情况吗？我是怎么解决的？"在自我探究的过程中，我们可以清晰地认识不合理的信念，不会再对其信以为真，并受其影响。

3. 用"三分法"进行自我调节。

心理学家建议我们用"三分法"处理恐怖化思维，也就是对同一个问题分别设想三种截然不同的结果,其中包括"最坏的结果(最坏点)""最好的结果(最好点)"和"中间结果(中间点)"。

我们可以将自己设想的结果写在一张纸上,再进行分析,就会发现即使是自己写下的最坏的结果也并不是那么难以接受。而且我们完全可以通过自己的努力改变糟糕的现状,使结果向"中间点"或"最好点"不断靠拢。

像这样经常用"三分法"去思考那些让自己担忧的事情,恐怖化思维出现的频率会逐渐减少,这对于进化心智模式、调节情绪和行为来说无疑会产生很多积极的作用。

停止自动化思维:避免陷入同样的思维怪圈

在遇到问题的时候,我们很容易陷入自动化思维。顾名思义,这种思维是我们在第一时间产生的,也就是我们常说的"不假思索"。从表面上看,自动化思维好像非常省力和方便,但实际上,它并不是完整而成熟的思维过程。因为我们还没来得及进行缜密的思考和分析,也没有收集到足够的依据,所以得出的很多结论都是不正确、不客观的。

33岁的凯乐在某公司的设计部门担任主管,最近她因为一时不慎,在工作中出了个不大不小的错误,被上级领导批评了一番。

从那天起,凯乐一直担心自己给领导留下了坏印象,甚至会影响以后的职业发展。这天,她为了一个项目在QQ上请教了领导几个问题,可领导每次的回复都十分简短,不是"嗯",就是"哦"。

看到这些信息后,凯乐只觉得一颗心沉到了谷底。她想:"领导肯定是对我有意见了,连话都懒得和我多说。下一步是不是就该开除我了?这可怎么是好,我付出了多少心血才做到主管的位置,现在什么都没了……"

凯乐越想越绝望,竟然当着同事们的面号啕大哭起来。领导得知后十分惊讶,把她叫来询问原委,等她哭着说出了自己的顾虑后,领导只觉得哭笑不得。

"你给我发信息的时候,我手头正好有点急事,没有把事情讲清楚,是我不对,你可千万不要多想啊。"领导将问题解释清楚后,凯乐才意识到自己之前的想法是多么不合理,再想到自己失态的样子,她不禁觉得十分尴尬。

凯乐遇到的情况其实只是一个无伤大雅的小误会,可就是因为受自动化思维的影响,她将大脑中第一时间闪现出的想法当成了正确结论,还由此进行了很多负面判断,引发了严重的负面情绪,导致情绪失控。等她弄清楚真相后,才知道自动化思维是完全错误的。

这种自动化思维在很多人身上都不同程度地存在着,想要有所改变,就要注意做好以下几点。

1. 识别出脑海中的自动化思维。

我们首先要学会将自动化思维和其他思维区分开来。比如,当一个念头出现在脑海中后,应当马上问自己"我正在想什么"。由于自动化思维是不经过大脑思考、直接在某种情境下突然出现的,所以当我们主动思考的时候,就会将它打断,并能够让自己获得分析和评估自动化思维的机会。

2. 对自动化思维的结论进行评估。

在识别自动化思维之后,我们要对得出的结论进行评估,才不会受到它的误导。比如,案例中的凯乐可以这样评估:"我认为领导回复简短是对我有意见(识别自动化思维),可这不一定是事实(评估自动化思维),或许领导此刻在开会,或是在做什么重要的事情,无暇给我具体、详细的回复(尝试纠正认知)……"

经过了这样一番评估后，我们就能够判断自己的思维是否误入歧途，从而避免犯主观臆断的错误。

3. 重建认知，进行积极的思考。

自动化思维造成的认知歪曲问题有很多种，除了主观臆断造成的认知偏差外，还有灾难化思维、夸大化思考、以己度人，等等。比如，灾难化思维就是动不动对未来进行消极预测，感觉自己的所作所为只能招致灾难性的后果，进而让自己陷入悲观、消极的心理状态。再如，以己度人就是把自己的意愿套在他人身上，觉得他人这么说或这么做肯定是自己认为的某个原因……

对于自动化思维造成的认知偏差，我们应当有充分的认识。当脑海中出现这些不好的念头时，我们不要接受它们的摆布，盲目地采取行动，而是要提醒自己立即进行积极、主动的思考，这样大脑在理性的控制下就能够产生更加客观的结论。之后，我们可以将两种或多种结论相互比较，从而逐渐建立起正确的认知。

打破偏见思维，别让刻板印象束缚你的认知

对于自己并不了解的人或事，你会不会根据一些已有的概括的看法得出草率的结论呢？比如，一提到心理学，有的人就会想到心理咨询；一说起农民，有的人就会想到憨厚朴实、勤劳踏实之类的词语；一说起商人，有的人就会想到精明能干的印象……

这种带有偏见的思维模式，在心理学上被称为"刻板印象"，指的是个体受到过去的经验或他人意见的影响，对某些人或某些事持固定、概括而笼统的看法。

心理学家道格·马丁做过这样一个有趣的实验。

马丁请一些志愿者阅读这样一段文字材料:"蒂姆是一个性格内向的人,他平时不苟言笑,不喜欢主动和人攀谈,同事聚会他总是能躲就躲。但他做事很有条理,很善于处理细节,在工作中很少出错。"

接下来,马丁请志愿者从酒保、会计、农场工人、货车司机、售货员中选择蒂姆的职业,大多数志愿者毫不犹豫地选择了"会计"。这是因为在他们的印象中,会计就应该是细心、缜密、内向的人,但事实上,蒂姆是一名出色的酒保。

在这个实验中,马丁并没有在文字描述中透露出蒂姆的职业信息,他有可能从事任何一个职业,可志愿者却从刻板印象出发,将蒂姆的性格与职业挂钩,最后做出了错误的判断。

类似这样的情况在生活中并不少见。比如,人们会对性别产生刻板印象,认为女性应该是柔弱的、温柔的、心灵手巧的,而男性应该是强壮的、理性的、性格豪放的。

通过刻板印象,我们在认知事物时不用费力地探索陌生信息,便能够简化认知过程,确实有省时省力的好处。但是我们得出的结论却常常有以偏概全的问题,不能反映个体的差异。

因此,我们一定要注意提醒自己,不要被刻板印象束缚认知,平时认识人和事时,不妨注意以下几点。

1. 增加自己的直接经验。

刻板印象的产生,与我们的直接经验不足有很大的关系。比如,我们会根据道听途说对某些人或事产生刻板经验,还可能因为过去的一两次经历产生一些固有的看法。这种结论显然是不客观的,我们不能过于依赖它,而是应当主动去接触自己想要了解的对象,不断增加直接经验,再根据这些经验调整想法,有助于减少偏颇的认知。

2. 不要被一时的刻板印象影响判断。

心理学上有一个首因效应，是说第一次见面形成的印象会影响日后的交往。比如，如果我们在第一次见面时对对方的印象不好，以后就会抗拒与对方接触。这种"印象"其实也属于刻板印象，需要我们及时克服它，才不会影响自己的交际视野和交际范围。

此外，如果我们在生活中听到了一些带有明显偏见的看法，也要学会思辨，要有意识地寻找与这种刻板印象不一致的信息，才能获得更加准确的认知。

尝试逆向思维：从问题的相反面深入探索

在思考问题的时候，由于过去的知识水平、经验、认知习惯的限制，我们很容易陷入思维的定式，找不到解决问题的办法。

此时，我们需要逆向思维来帮忙，也就是要摆脱规定的思维方向和思维模式，学会"反其道而行之"，这样常会有意想不到的收获。

很久以前，有个叫哈桑的智者将2000个金币借给了一位朋友。当时，双方签下字据，约定半年后还清。

半年过去了，朋友却迟迟不来还钱，哈桑不禁有些着急。他想拿着借据上门讨要，可因为一时不慎，竟将借据烧毁了。

没有了借据，朋友弄不好会赖账。哈桑思来想去，决定给朋友写一封信，主要内容是："我现在急需用钱，请你把欠我的2500个金币还给我。"

那位朋友看到信后，不禁勃然大怒，当即写下回信："我明明只借了2000个金币，凭什么还你2500个？"

收到这封回信后，哈桑顿时放下心来，因为他拥有了一张新的"借据"。

在借据被烧毁后，哈桑没有采用直来直去的方式——与朋友"摊牌"，让朋友同意归还欠款，因为他很清楚这样做的成功率很低。于是他采用了逆向思维，先不考虑自己有什么样的损失，而是去思考朋友看重的是什么，再从这一点出发，想到了"抬高借款数额"的办法。果然，当朋友认为切身利益受到威胁的时候，便会迫不及待地为自己辩解，无形中也承认了借款的事实。

这个故事流传很广，人们还从中总结出了一个"哈桑借据法则"，说的就是在遇到棘手的问题时，不妨像哈桑这样，从问题或事物的相反面出发进行探索，从而打破定式思维的束缚，取得出奇制胜的效果。

逆向思维的思路主要有以下几种。

1. 对立思考。

万事万物都有对立面，当我们从正面思考难以突破的时候，就可以从反面"逆流而上"，获得奇妙的创意。在这方面，发明家、设计师大多会比较有心得，因为他们经常要从事物的功能、结构、属性、方向、程序等诸多方面进行对立思考。

比如，一位著名的工程结构专家想要设计一幢能抵御强震的大厦。他最初从"保护大厦、提高抗震性能"这个方向入手，想了很多办法，但效果都不够理想。后来，他从"保护"的对立面"破坏"入手，想到了"让某些次要构件适度开裂，降低房屋总刚度"的办法，这样反而能够避免大厦在震中倒塌，从而圆满地完成了任务。在这里，专家采用的就是"对立思考"的办法——用微小的"破坏"起到了"保护"的作用，这样的巧思实在让人叫绝。

2. 变害为利。

发现事物存在缺点、害处的时候，我们可能会感到非常惋惜，但要是以逆向思维来思考的话，缺点、害处如果利用得当，有时也会转换为优点、好处。

比如，金属材料在周围介质的作用下容易发生锈蚀现象，这本是一大缺点，可科学家却利用这个缺点发明了刻蚀工艺，通过溶液、反应离子或其他机械方式剥离、去除材料，使缺点变成了优点。

在实际生活中，这样的案例还有很多，通过这些例子我们也可以看出，逆向思维的关键是要提升思维的活跃度，让自己不要墨守成规，能够跳出既定的视角，从相反的角度、相反的方向、相反的条件进行思考，也许就能够化被动为主动，顺利地解决问题。

修炼减法思维：解决问题的奥妙就在减法中

在提出方案解决问题的时候，你是否遇到过这样的情况：明明是简单的问题，却被自己越想越复杂，考虑的细枝末节越来越多，反而不知该从何入手。这个时候，你最需要的就是减法思维，也就是要学会化繁为简，将无关紧要的细节剔除，让注意力聚焦于关键点，这样才能在最短的时间内找到最直接有效的策略和方案。

日本一家化妆品公司的生产部门接到了质检部门的投诉，称香皂生产线流出了不少空盒。公司对此非常重视，派遣技术人员进行调查，发现该生产线在设计上存在不完善的地方。

为了解决问题，技术人员集思广益，想了很多办法。有的说要加装能够自动检验盒内有无香皂的精密设备，有的说要更换零件，控制产品在生产线上的数量和流动速度，但这些方法需要花费不少成本，效果也不一定会很理想。

最后，还是一名年轻的技术员想到了一个绝妙的办法，他说："我们只要把空盒子清除掉就好，而空盒的重量很轻，所以我们只要装一台大功率电扇，对着生产线不停地吹风，把空盒吹走，问题不就解决了吗？"

他的话让大家有一种茅塞顿开的感觉，有人感慨道："这么简单的办法，我怎么就没想到呢？"

年轻的技术员在解决问题时采用了减法思维，他没有去考虑那些复杂、冗余的因素，而是直击问题的本质——清除空盒子，进而找到了最经济，也是最快捷、有效的方案，这种思考问题的方法值得我们借鉴。

那么，在实际工作和生活中，我们该如何应用减法思维呢？

1. 聚焦于核心要素。

意大利经济学家帕累托曾经提出过"二八定律"。这个定律告诉我们，在任何一组事物中，最重要的只占其中一小部分，比例约为20%；而次要或不重要的却占绝大部分，比例约为80%。

这也提醒了我们要注意锻炼自己的辨识能力和判断能力，在思考问题时要注意避开纷繁复杂的因素的干扰，才能像案例中那位聪明的技术员一样，立刻抓住那20%的核心要素，又快又好地解决问题。

2. 聚焦于重要事务。

减法思维还能应用在日常事务的安排上，当我们被烦琐的事务压得喘不过气的时候，不妨来做做"减法"——减去那些既不重要又不紧急的事务，使自己能够把时间和精力用在重要的事务上。

为此，我们可以先用"四象限法"给各类事务做个排序：首先画出一个坐标系，横轴为"事务的紧急程度"，纵轴为"事务的重要程度"，然后将各类事务按照紧急性、重要性分别填入四个象限中。

位于第一象限的就是我们应当集中精力去处理的"重要且紧急"的事务；第二、三象限的事务没有那么紧急和重要，可以暂缓处理；第四象限的事务可以直接忽略或是交给他人代办。按照这样的方法去做事，就能够体现出减法思维的真谛，可以让事情"越做越少"，效率却越来越高。

需要指出的是，减法思维并不等同于简单思维，后者是一种不动脑筋，只图省力和方便的思维方法，属于低级的思维方式，它无法产生高效的行动方案。而减法思维则完全不同，它可以让我们从思维的迷障中获得解脱，能够帮助我们提高思维运转的效率，并能够更好地指导我们的行动。学会了减法思维，我们在处理各项事务时会有得心应手的感觉，从而达到事半功倍的效果。

锻炼成长型思维：思维方式蕴含无穷能量

成长型思维是与僵固型思维完全相反的思维模式。持僵固型思维的人习惯用固定不变的眼光看待自己和他人，认为自己的能力是固定不变的，于是他们会放弃努力、逃避挑战，听不进去别人的批评，也不喜欢看到他人获得成功。僵固型思维让他们的人生逐渐变成了一条平滑的直线，找不到进步和提升的可能。

具备成长型思维的人却会换个角度看待挑战和失败，他们认为挑战是让自己获得成长的机会，而且越是有难度的挑战就越能给自己提供更大的成长空间。他们大多崇尚努力，认为不懈奋斗是走出失败和挫折的最好办法。面对他人的批评，他们会认真听取，接受其中值得学习的部分。他们也能客观看待他人的成功，并且从中汲取经验，让自己也能获得进步。

一些大学生参加了某大型企业的实习活动，在实习期满后，他们中表现最优秀的两位将获得转正名额。在激烈的竞争中,大学生朱晨屡屡受挫,他撰写的第一份报告就出现了不少低级错误,上级给出的评价是"缺乏系统思考"。

朱晨是一个自尊心很强的人,被上级批评后,竟然当场委屈地哭了起来。他对上级说:"我觉得自己已经够努力了,但就是达不到你的要求,或许我是真的不适合这份工作。"上级开导了他半天,可他就是提不起信心。最终,他选择提前结束实习,垂头丧气地离开了公司。

另一位大学生陈洋的表现却和朱晨截然不同。在实习刚开始的两个星期里,陈洋的成绩也在"垫底"的水平,上级没少批评他。他却没有发出过怨言,总是认真听取,并想办法进行改进。

上级将大学生分成两组,打算进行小组竞赛,陈洋主动请缨,为自己所在的小组准备计划书。这是一个很有挑战性的任务,但陈洋坚信自己能够做到。当天他加班到凌晨2点,第二天又第一个赶到公司,和组员一起讨论修改意见。最后,他所在的小组在竞赛中获胜,而他的计划书起到了关键作用,个人考核成绩也一下上升十几名……

案例中的朱晨和陈洋正是僵固型思维和成长型思维的代表,他们因为各自的思维模式不同引发了不同的行为模式、情绪反应模式,最终导致了两种截然不同的结果——僵固型思维让人变得沮丧、抑郁,无法积极应对困境,甚至萌生了逃避心理;而成长型思维却让人变得积极、主动,愿意接受挑战,并且做好了承担风险、领导他人的准备。

那么,僵固型思维有可能转变为成长型思维吗?答案是肯定的。斯坦福大学心理学教授卡罗尔·德韦克给出了几条塑造成长型思维的方法。

1. 察觉僵固型思维。

为了避免在不知不觉中陷入僵固型思维,我们应当学会及时察觉。比如,我们可以对自己做个测试，回答以下这些问题。

（1）你认为智力、能力是可以不断发展的吗？

（2）你认为努力能否解决你目前遇到的困境？

（3）你认为来自他人的批评是有价值的吗？

（4）你认为别人的成功对自己来说是一种鼓励吗？

（5）你认为自己还能比现在表现得更好吗？

如果你对上述这些问题的答案是肯定的，那么基本上可以确认，你拥有的是成长型思维。我们可以经常进行这样的测试，提醒自己不要故步自封，要努力推动自我成长。

2. 自我警示。

在察觉到僵固型思维的存在后，我们可以设想一些具体的情境，让自己意识到这类思维会带来什么样的不良后果。比如，在学习上逃避难题会让自己无法彻底掌握知识，在工作上畏惧挑战会让自己错失晋升的机会，等等。只有意识到了后果，我们才会从内心深处引起重视，并想要进行改变。

3. 持续改变。

对于僵固型思维的改变不是一朝一夕就能做到的，我们需要做好充足的心理准备，坚持自我调整、反复训练，最好能够列出"思维进化清单"，做出具体的计划并持续行动。比如，某项工作没有做好，遭到了上级的批评，我们可以主动反思原因，寻找应对策略，再将其加入计划中。如果我们能坚持不懈地努力，一定能够取得满意的效果。

CHAPTER 05

第五章

改变行为,跳出心理舒适区

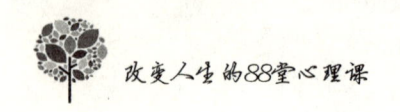

消除惰性，别在心理舒适区中越陷越深

你有属于自己的心理舒适区吗？在舒适区内，你的行为被限制在一定的范围内，感觉很舒适、安稳、没有什么压力，但也容易因此滋生惰性，并失去危机感，一旦外部环境发生变化，就会有无法适应的感觉。

可要是突破舒适区，让行为超出自己习惯的模式，我们又会有紧张、焦虑、恐惧的感觉。也正是因为这样，很多人不但不敢跳出自己的舒适区，还会在其中越陷越深。

26岁的小邹在一家网站工作。他每天的工作任务十分繁重，下班后总是觉得身心疲惫，到家后就会一屁股坐到沙发上，让自己好好地休息一会儿。之后，他连饭都懒得做，经常叫外卖解决问题。饭后他会早早洗漱，然后用手机或电脑玩游戏，一晚上的时间很快就会过去。

小邹本以为这样的业余生活很轻松、很惬意，能够帮自己减压。可时间长了，他却发现情况并非如此。因为熬夜打游戏，他的精神总是处于紧张状态，休息的质量并不好，上班时无精打采，工作效率不断下降。而且他每天吃高油、高盐的外卖，也影响了身体的健康，出现了肥胖、肠胃病等问题。

更糟糕的是，小邹发现自己这几年没有获得任何成长。在同样的时间内，公司里有的同事在忙着考证，有的寻找兼职，有的给自己制订了健身计划，都有一些收获，可他还是原地踏步，没有半点提升，这不禁让他感到十分沮丧。

下班后舒适、安逸的生活就是一片心理舒适区，让小邹不知不觉沉溺其中，却慢慢失去了自我发展的机会。从这个案例也能看出心理舒适区的可怕之处，它会让人迷恋、依赖那种没有风险和压力的行为模式。久而久之，就会让人们变得越来越懒惰、平庸。

那么，我们应当如何改变这种消极的状态呢？

1. 扩大舒适区的领域。

根据美国著名学者诺埃尔·蒂奇的理论，舒适区是认知世界中一片很小的区域。处于舒适区时，我们做事会有得心应手、习以为常的感觉，也容易沉溺其中，难以自拔。

如果想要获得成长，我们就应当努力扩大舒适区的领域，也就是要停止自我满足，发现自身存在的不足。然后针对这些不足，每次尝试一件难度不大的事情，这样既不会让自己产生过多的抵触感，又能得到锻炼，有助于提升勇气和自信心。

2. 从学习区步入恐慌区。

在舒适区外，有一片更大的区域是学习区，这个区域是我们较少涉足的，其中充满了新鲜的事物和富有挑战性的任务。我们可以积极地进入这个区域，主动迎接挑战。比如，尝试接下一个有难度的工作任务，尝试与一个脾气不好的客户沟通，或者是学习一门全新的课程，等等。这些努力都能提升自我能力，还能为自己顺利进入恐慌区做好心理准备。

3 大胆探索未知的区域。

在学习区外的那片广阔的区域是恐慌区，我们对这个区域是完全陌生的，身处其中肯定会有压力感、恐惧感，甚至还有想要逃离的感觉。但我们不应过早放弃，而是要努力提高自信，克服恐惧和忧虑，大胆地探索这片未知的区域，这样不但能够让自己得到更高层次的锻炼，还能接受新事物的信息，会有很多意想不到的收获。

摆脱非理性行为：走出"沉没成本"的困局

"沉没成本"是经济学上的一个专用名词，指的是人们在某一件事或某一方面已经投入且不能收回的成本，包括过去付出的时间、精力、金钱，等等。正是因为担心这部分成本无法收回，人们在需要做出选择的时候才会表现得犹豫不决，有时还会做出一些非理性行为，导致自身损失惨重，这种情况也被心理学家称为"沉没成本谬误"。

外出逛街时，小A因为图便宜购买了一双标明"打折处理、不退不换"的皮鞋。谁知皮鞋看上去质量不错，穿起来却严重磨脚，走路的时候脚后跟、脚趾都被磨得生疼。

此时，小A本应当把这双劣质鞋子扔掉，但她一想到自己买鞋时花掉的钱，又觉得有些可惜。无奈之下，小A只好继续忍痛穿着它，直到两只脚都被磨出了水泡，无法正常走路……

小B去电影院看电影，谁知入场观看了几分钟后，他就发现这部电影粗制滥造、十分无趣。小B本应毫不犹豫地离开，可他又觉得这样做，对不起自己花费的票钱。

于是小B痛苦地坐在座位上，苦苦熬到了电影结束。结果除票价外，又付出了一整部电影的时间……

在这些案例中,让人们做出非理性行为的正是"沉没成本"。由于人们有一种"损失厌恶心理",在面对同样数量的收益和损失时,往往倾向于避免损失,而不是获取收益,这才会导致人们总是过度关注自己已经造成的损失,结果却被"损失"蒙蔽双眼,做出让人无法理解的行为。

想要解决这样的问题,心理学家给出了三条建议。

1. 毫不犹豫地阻止损失。

在工作、学习、生活中,我们可以对自己的时间、金钱、精力等设置止损点,一旦付出的成本触及止损点,就要当机立断采取措施,切莫拖延。就拿在电影院看电影的简单例子来说,我们可以将止损点设为"20分钟"。倘若自己坚持了20分钟,还没有被剧情吸引,那就可以果断退场,以免浪费更多的时间。

2. 忽略成本,关注收益。

我们不应总是从过去的角度看待问题,而是要多考虑"未来会如何"。这会帮助我们忽略"沉没成本",转而关注止损后可能获得的机遇和收益。比如,我们损失了半部无聊的电影,却挽回了宝贵的时间,可以用来做更有意义的事情,这就是一种收益,值得我们去关注。

3. 分析问题的重要性。

我们还应想清楚损失的成本在整个人生历程中究竟具有多大的重要性。比如,可以将一时的损失与自己的人生规划、发展前景相比较,如果发现它是微不足道的,那么就不值得我们为之牵肠挂肚。

当然,我们也可以尝试跳出自己的视角,从他人的角度出发去看待同样的问题,设想一下他人在此时会做出怎样的选择。所谓"当局者迷,旁观者清",在变换视角后,我们常常能够找回自己的理性,更容易走出"沉没成本"的困局。

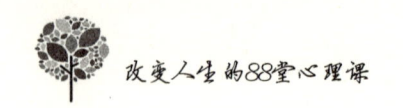

打破恶性循环,别让不良行为模式愈演愈烈

或许我们并没有意识到,自己的行为模式正处于良性循环或恶性循环中。良性循环会让行为向着正确的方向持续下去,获得的良好收益又会反过来激励这种行为,从而推动我们不断走向进步。

可恶性循环却恰恰相反,无论是在工作、学习还是生活中,一旦陷入恶性循环的行为模式,就会让人焦头烂额、烦恼不已。如果不及时进行干预的话,恶性循环还会有愈演愈烈的倾向,给我们造成很多麻烦。

韩薇刚刚接到了一个给童书画插图的任务,因为她之前有过拖稿的记录,客户特意叮嘱了她一番,让她一定要抓紧时间,切勿拖延,否则可能会耽误出版周期。

韩薇自然是满口答应,她的心中也充满了激情,觉得自己这次一定能够提前完成任务。然而,就在她准备开工的时候,忽然发现自己关注的一位"大神"在社交平台上更新了作品。她情不自禁地丢下画稿,登上网站津津有味地浏览起来。

这一看就是两个小时,她看了看时间,忽然有些心虚的感觉。"没关系,待会儿我抓紧一些就行。"她自我安慰道。

可接下来她又有了新的琐事,要做午饭、追剧、回复朋友的留言……仿佛在不经意间,一天的时间就过去了,她开始感觉到压力了,觉得自己应当马上开始行动,可转念一想,时间离最后的期限还很远呢,不如先放松一下……

就这样,韩薇拖延了一天又一天,直到时间过去了三分之二,任务还没怎么启动,她才真的着急起来。

"要是我能早点开始该多好",她不停地责备自己,心中充满了焦虑、后悔、痛苦的情绪……

韩薇明知自己有拖延的坏习惯,却没有意识到问题的严重性,没有从根本上进行改变的勇气和决心,在接受新任务后又陷入了拖延的恶性循环。首先,她在接到任务后满怀激情,但没有做好计划,导致行为没有章法、启动遥遥无期。其次,启动慢让她产生了压力,却继续自我麻醉,让问题越来越严重。再次,当她终于意识到问题,却已无力挽回现状,心中充满负面情绪。最后,拖延造成了不良后果(如被客户终止合约,还要赔偿损失等),内心极度懊悔,发誓下次一定要做好……这样的恶性循环在韩薇身上发生过不止一次,如果不从根本上意识到问题所在,并且下决心改正问题,下一次还是会发生同样的问题。

那么,我们该如何认识、打破恶性循环呢?

1. 承认问题的存在。

有不良行为模式的人要么意识不到自己已经陷入了恶性循环,要么会像韩薇这样,虽然对自身问题有一定认知,却不愿意承认、不敢面对,这样的态度显然不能让问题得到"根治"。因此,我们必须清楚地承认:"没错,我确实有这种不好的行为模式,必须接受改变!"只有先做到这一点,才能从心理上向恶性循环发起挑战,并有可能战胜它。

2. 停止逃避,不给不良行为找任何借口。

不良行为之所以难以改变,是因为我们常常会不自觉地寻找各种借口,让这些行为"合理化",以求得自我安慰。但与此同时,我们也会更深地陷入恶性循环,感到更加不快乐、不轻松,却又无力改变。所以我们一定要停止找借口的做法,当自己出现不良行为的时候,要立刻提醒自己:"这种行为是不对的,我应

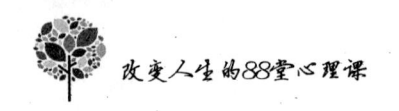

该立即改正！"

3. 立即行动，重建工作、生活的秩序。

认识到了问题的存在，我们就要立刻解决它，而不能继续犹豫、彷徨。像案例中的韩薇，就应当停止无用的自责，代之以切实有效的行动——给自己定好计划表，可以具体到每天、每个小时，以制造紧迫感，让自己加速行动起来。

当然，打破恶性循环需要勇气和毅力，只有咬牙坚持到最后，我们才能真正突破已成习惯的行为模式。这确实是不容易做到的事情，可一旦我们冲破了这种模式，就会发现一切都在慢慢改善，我们也会获得更多的人生掌控感。

性格缺陷改造：塑造良好行为模式

人们常说"性格决定命运"，其实这句话并不夸张。性格指的是一个人对待客观现实的稳定态度和行为方式中经常表现出来的比较稳定的心理倾向。也就是说，我们对人对事的态度，以及我们会采取什么样的行为，都是由性格决定的。若是性格不健康、不完善，就会严重影响我们的行为模式，使我们无法正常地与他人交往，也不能很好地适应这个社会。

江涛是一个非常聪明的男孩。从小到大，他的学习成绩一直名列前茅，初中、高中曾多次参加省级竞赛，拿到过金牌、银牌，还获得了保送名牌大学的资格。在大家的称赞中，江涛走进了那所大学，谁知才不过2个月，他就带着行李灰溜溜地回来了。

原来，江涛的父母对他一直十分溺爱，平时只让他专心学习，从不让他为别的事情费心。生活上的大小事务都由父母包办，这让江涛逐渐形成了依赖他人、无法独立的性格。

上了大学后,他离开了父母的帮助,身上的问题立刻显现出来。他连一些简单的入学手续都办不好,也处理不好日常生活琐事,没有办法集中精力学习。老师、同学本想对他进行帮助,但他早已养成了以自我为中心的性格,动不动就提出一些无理的要求,指挥别人为自己洗衣服、打饭,对别人的帮助从来都不会觉得感激。住在宿舍的时候,他总是只图自己方便,从不考虑他人的心情,导致室友们都很讨厌他,人际关系弄得很僵。在这种情况下,学校即使再爱惜人才,也只得将他劝退。

从智商上说,江涛算得上是一个天才,但因为性格上存在明显的缺陷,使他无法正常求学,也不会与人交往,最终前途受到了影响,实在让人惋惜。由此可见,对于性格缺陷问题,我们必须给予应有的重视,切莫让性格缺陷阻碍了自己的成长和发展。

值得庆幸的是,性格虽然具有稳定性,但并非不可改变。心理学家马斯洛说过:"态度改变,则习惯改变;习惯改变,则性格改变;性格改变,则人生改变。"因此,我们可以试着克服性格缺陷,改变性格中不利于自己成功和发展的因素,逐渐培养出良好的性格。在这个过程中,我们应当注意做好以下几点。

1. 找出自己性格上的"短板"。

积极心理学家马特恩告诉我们,要学会正视自己的性格,找出其中的弱点,并认真地将它研究透彻,然后给自己设计一个克服弱点的计划。比如,性格懦弱、做事"前怕狼后怕虎"的人,就应该给自己列一个"大胆尝试计划",让自己逐一尝试难度不同的事情,以便克服性格中的懦弱成分,代之以勇气成分。

2. 优化自己的性格。

我们可以找一个自己崇拜的对象,既可以是名人,也可以是现实生活中的对象。之后，我们可以把这个对象身上让自己欣赏、喜爱的特征和品质列出来，作为自己想要实现的性格目标，平时可以从态度、认知、行为上有意识地自我锻炼、自我改造，让自己能够向着性格目标不断靠拢。

3. 用习惯强化新性格。

习惯是性格形成的基础，性格中有很大一部分其实就是习惯化了的行为模式，所以我们可以用培养好习惯的方式来克服性格缺陷。比如，粗心大意的人可以通过培养严谨的习惯来改变性格，平时每完成一个工作任务都要认真核对、检查，时间长了，就会"习惯成自然"，性格也会从过于粗放变得小心谨慎。

必须指出的是，对性格的改造不能操之过急。我们必须遵循循序渐进、从小事做起的原则，付出持续的努力，才能让性格发生稳定的、渐进的改变。

即时反馈：让你对积极的行为逐渐上瘾

在生活中，我们可能会轻易地对一些行为上瘾。像玩手机游戏、刷短视频、追剧、收集盲盒等，都会让我们乐此不疲、欲罢不能。可同样的上瘾情况，却很少会出现在工作和学习中，那么，你有没有想过"上瘾"背后有什么样的心理学机制呢？

想要揭开这个谜题，我们不妨来回顾一下整个行为的过程。当我们在玩游戏的时候，几乎每时每刻都能获得一些积极的反馈，如通过关卡时，游戏人物会获得经验值，等级能够得到提升；消灭了"怪物"时，会得到游戏币、道具等，这会让我们不知不觉地期待获得更多，因而会一关一关地玩下去，不知疲倦、不觉烦躁。

同样，我们在刷短视频的时候也能获得这种"即时反馈"——每向下滑动一次屏幕，都能获得一个新的视频，经过算法优化后，我们看到的内容会是网站推荐给我们的最感兴趣的视频，这会给我们带来不同程度的愉悦感，因而让我们欲罢不能。

由此可见，上瘾的关键就是即时反馈，它能让我们获得实时的满足感，让我们有更强的动机继续进行这样的行为，哪怕这种行为本身对我们并没有什么益处，我们也会孜孜不倦地坚持下去。

然而，在工作、学习、体育锻炼中，我们却很难获得这样的即时反馈。虽然我们从事的是积极的行为，但总要付出很多努力，让自己感到十分辛苦，并且我们需要完成一个阶段性的任务，才能看到成果，有时成果还很不明显。这导致我们一直得不到即时反馈，从而逐渐失去信心、动力，不想再继续进行下去。

那么，我们有没有办法自行制造一些即时反馈，让自己可以对积极行为上瘾呢？答案是肯定的，心理学家告诉我们可以根据自身特点建立一套即时反馈机制来督促自己，具体方法不限于以下几种。

1. 计划表反馈法。

我们可以将要完成的大任务细化为容易完成的一个个小任务，再将其填写在计划表上。之后，每完成一个小任务就画一个标记，等标记积累到一定数量（如5个、10个等），就可以兑换自己喜欢的奖励。这样做的好处是可以让我们即时发现自己已经得到了多少反馈，并会对即将到来的奖励产生期待，因而能够集中注意力在积极行为上，不容易中途放弃。

2. 可视记录法。

一位心理学家还建议我们将自己认真工作、学习或做运动的情景拍下来，或是画成简笔画，发在朋友圈，再简单描述一下自己此时的身心状况。这种记录法不但能够让我们获得一种即时的满足感，还能赢得亲人或朋友的点赞、评论，这些也可以被看作无形的即时反馈，能够让自己变得更加积极。

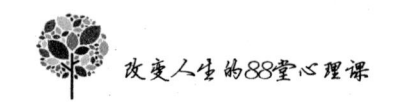

3. 费曼学习法。

诺贝尔物理学奖获得者理查德·费曼创造的独特学习方法也能帮我们获得即时反馈。这种方法的主要技巧是：第一，彻底了解某个概念；第二，向别人讲述自己学到的东西；第三，纠错并深入学习；第四，简化自己的表达，直到能让别人彻底听懂。

不难发现，费曼学习法的第二步和第四步就是在制造即时反馈。我们讲述的东西，别人能够听懂，这会让我们获得一种成就感，可以算是一种良好的反馈。

若第二步的执行效果不理想，我们也不必丧失信心。我们可以通过回顾知识、纠正错漏，再进行第四步，以便从他人的反应中获得即时反馈，这样不但学习效果更好，记忆也会特别牢固。

习惯的力量：重建你的"习惯回路"

心理学家认为，所有人的生活都有其明确的形态，都是由各种各样的习惯构成的。虽然每个习惯的影响相对来说比较小，但是随着时间的推移，这些习惯综合起来却会对我们的工作、学习、生活产生深远的影响。这就是习惯的力量。

那么，已经形成的习惯是否能够改变呢？答案是肯定的。只要我们能够找到"习惯回路"，也就是习惯产生、运作的一套机制，再想办法调整相应的因素，就能对自己的习惯进行重新"设计"。

在海洋馆里，驯养员正在对小海豚进行训练。驯养员会吹响哨子，发出哨音，指挥小海豚跳出水面。此时，哨音可以被看作一种刺激因素。如果小海豚能够正确地执行指令，驯养员会将一条鱼放进它的口中，这可以被看作一种奖赏因素。

之后，驯养员会重复这样的训练，使小海豚的脑神经将"跳出水面"这个习惯动作与刺激和奖赏相连接。在一段时间后，驯养员只要一吹哨子，小海豚受到刺激，就会立刻跳出来，以便得到应有的奖赏……

在这个过程中，我们可以发现一条非常明显的"习惯回路"，即驯养员给予海豚某种刺激→海豚做出惯性动作→海豚得到奖励→驯养员再次给予刺激……也就是说，"习惯回路"至少应当包括以下三种必要因素：第一，刺激，指的是触发惯性行为的环境、条件、暗示等。第二，行为，指的是接受刺激后，自然而然做出的动作或行为。第三，奖赏，指的是完成惯性行为后得到的正向反馈。

这三种因素是相互依托、共同作用、缺一不可的。但是在日常生活中，我们往往只会将注意力集中在"行为"上，却忽略了"刺激""奖赏"这两个重要因素，因而导致坏习惯难以戒除，好习惯难以固化。

由此可见，想要养成一个好习惯，必须先设计出一条完整的"习惯回路"，再经过长时间的坚持，才能达到"习惯成自然"的效果。为此，我们至少应当做到以下几点。

1. 设定适当的刺激因素。

常见的刺激因素有时间、地点、语言、情绪状态、周围人的表现以及之前发生过的事情，等等。比如，想要养成按时上床入睡的好习惯，就可以选择在每天晚上固定的时间，先与家人说"晚安"，再让自己的情绪处于放松的状态，然后躺在舒服的床上，同时默默对自己说："已经到了该入睡的时间，我会很快睡着的。"

在这里，我们对自己进行了时间、地点、情绪、语言等方面的刺激，像这样坚持一段时间后，大脑会进入"省力模式"，习惯就会发挥作用：只要一到固定的时间，接受了固定的刺激，我们就会自然而然地产生睡意。

2. 将刺激因素与惯性行为进行绑定。

在习惯形成的前期，我们可能需要付出一些努力，才能在大脑中建立刺激与行为的关联，让自己慢慢适应这种行为连续的状态。此时，我们应当保持耐心，并要注意构建"单一的习惯回路"。也就是说，在一种刺激因素的影响下，只做一种行为，才能让刺激与行为逐渐产生联系。比如，想要养成"每天写总结"的习惯，也设定好了刺激因素——让自己在固定时间坐在书桌前，打开笔记本书写。那么每天到了这个时间，就不能做书写以外的事情（如不能玩手机、看电视、聊天等），否则就不能形成有效的"习惯回路"。

3. 给惯性行为设计相应的奖赏。

奖赏可以分为两大类，第一类是惯性行为本身给我们带来的收益。比如，习惯早睡早起会让我们的身心更加舒适、精力更加充沛。习惯"今日事今日毕"，可以让我们的工作、学习变得更有条理，也能减少因任务大量堆积造成的心理压力……这些"收益"是我们能够从行为中获得的"被动奖赏"。

还有一类奖赏是"主动奖赏"，也就是我们自行设置的积极反馈环节。比如，我们能够坚持一周早睡早起，就可以奖赏自己一件小礼物。

这两类奖赏都会对行为产生强化作用，让我们更加愿意做出这样的行为。随着时间的推移，行为会逐渐固定下来，成为一种良好的习惯。

心流体验：全神贯注投入你的行为

或许你有过这样的体验：当你全神贯注地投入某种行为时，就会渐渐忘记周遭的一切，也会忽略时间的流逝，有时甚至会忘记自己的存在。此时，你会感到非常兴奋、快乐，完全不会感觉疲惫、烦恼。在心理学上，这种现象被称为"心流"，是由积极心理学的奠基人米哈里·契克森米哈赖提出的。简单地理解，心流就是个体在专注进行某事时所表现出的心理状态。在进入这种状态后，个体有一种充实、快乐的感觉，不愿意被他人打扰而中断这种行为。

米哈里之所以会研究心流问题，是因为他无意中发现有的人在工作或学习几个小时后就会筋疲力尽、情绪低落。可也有人会精神振奋、情绪愉快，丝毫不显疲态。米哈里对此很感兴趣，他花了很长时间，专门研究后面的这类人，其中不乏一些顶尖的艺术家、学者和运动员，他们在努力提升技能或钻研学问的过程中都曾有全神贯注、浑然忘我的状态。其中一位著名的作曲家更是绘声绘色地描述了自己的心境："当我坐在钢琴前，专心致志地弹奏着旋律的时候，会突然进入一种奇妙的境界。我好像失去了对自我的感知，我的手也似乎不受大脑的控制，旋律就像是流水一般，从我手中不断地流淌出来，这让我的心中充满了狂喜……"

受到这位作曲家的启发，米哈里将这种心理状态命名为心流。他还指出，心流能够为我们带来更高的效率和更多的成果。那么，我们如何才能在日常的工作和学习中体验心流呢？按照米哈里的说法，想要让心流发生，就要尽量让你所进行的任务具备以下这些特征。

1. 这项任务是自己真正感兴趣的。

对于自己有强烈兴趣的事情，我们很容易沉浸其中，不会觉得厌倦，也容易展现出积极性、主动性和创造性，心流便会由此产生。相反，若是带着不情愿的态度勉强自己做某事，内心肯定是不愉快的，有时甚至是痛苦的，也就不可能进入忘我的状态了。

2. 这项任务能够让自己全身心投入。

我们都有能让自己投入其中的事情，此时注意力会高度集中，能够自动忽略环境中各种因素对自己的打扰。比如，有的人在做猜字游戏时特别投入，连别人

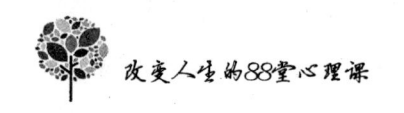

在他耳边说话都听不到。也有人对练习健身情有独钟,能够长时间重复一个动作却不感觉烦躁,这些情况都是心流在起作用的表现。

3. 这项任务有清楚的目标。

目标可以让我们知道自己想要追求的结果是什么,也会帮助我们自觉地约束自己的行为,向着达成目标的方向努力,在这个过程中,也容易产生积极的精神体验。相反,要是我们漫无目的地做一件事情,其间就很容易出现自我怀疑、自我否定的情况,也无法促使心流产生。

4. 这项任务能够产生即时回馈。

做一件事情的时候,如果能够立刻收到良好的回馈,我们就会有一种满足感和自豪感,并会对完成任务充满信心和热情,因而更容易产生心流。

5. 自己有较强的主控感。

如果我们认定自己的参与会对某项任务的结果造成关键性的影响,就会产生强烈的主控感,使我们不由自主地对该任务重视起来,并会变得非常专注,在完成任务的过程中很容易进入心流状态。

6. 在从事任务时忧虑感会消失。

在做某件事情时,我们不会有过多的担心,并可以从日常琐事中将自己抽离出来,进入一种忘我的境界,那些平时困扰我们的忧愁、焦虑、烦恼等负面情绪也会暂时消失,我们就更容易体会到心流带来的快乐。

7. 在从事任务时会失去时间感。

从事某项任务的时候,我们会忽略时间的流逝,哪怕过去了较长的时间,自己却不会感到疲倦,反而能够拥有饱满的热情和积极性,这说明我们确实已经进入了心流状态。

8. 任务具有适度的挑战性。

挑战性也会影响我们做事时的情绪变化:如果挑战性过高,我们会因进展不顺利而产生挫败感。可要是挑战性过低，我们又会觉得索然无味，更会因此而感到烦躁、焦虑。因此，任务的挑战性应当设置在适当的水平，这样才有助于唤醒心流。

当然，上述这几点并不要求同时存在，但至少要满足一项或几项才能使心流发生。所以，当我们感觉自己无法全神贯注投入某个行为时，可以从这几点进行分析，为心流的出现创造条件。而心流也会带给我们积极的情绪体验，使我们的心态更加积极，行为更有效率，成果也会更加显著。

改变环境，增加正确行动的概率

在改变行为、提升自我的过程中，我们也不能忽视环境的影响。因为人所处的环境如何，会刺激人的心理，影响人的情绪、行为和观念。比如，人们处在环境良好的地方，会感觉非常舒适、安全，有利于激发正面情绪，养成良好的行为习惯。相反，若是人们处在环境较差的地方，就会感觉不舒服或容易疲劳，还有可能引起注意力分散，使正常的能力受到影响，也不易于好习惯的养成。

陈东是一名大二学生，准备利用课余时间学习计算机知识，想要考取计算机二级证书，为自己以后找工作时加分。

最初他的学习积极性很高，可是在宿舍学习了一段时间后，却发现学习效果很不理想，原因是宿舍环境过于吵闹。陈东的几位室友没事就喜欢打扑克，还经常把隔壁宿舍的同学叫来一起玩耍，玩到高兴时一群人又笑又叫，声音十分响亮。好不容易等到熄灯，陈东想打着手电筒学习一会儿，几位室友又开起了"卧谈会"，黑灯瞎火中畅聊一番，似乎非常有趣，却让陈东听得心烦不已。

陈东忍不住抱怨了几句，室友却说他的性格太孤僻，只顾自己学习，不会团结同学。后来，几个人还一起孤立了他，这让他心里很不舒服，更加无法投入学习了……

陈东虽然有追求进步的动机，也找到了目标，付出了行动，却没能取得任何进展，这就是不良环境造成的结果。他选择在宿舍学习，不仅物理环境条件不佳（噪声大、光线差），氛围环境条件也非常恶劣（室友沉迷于玩耍、聊天，人际关系紧张），这些都会让他受到不好的影响，使他无法将认真学习这个良好的行为继续下去。

由此可见，想要促进良好行为的发生和继续，我们需要主动改变自己身处的环境，而不是被动等待环境为我们发生变化。

1. 主动改变物理环境。

声响、温度、湿度、光线、震动等都属于物理环境的范畴，我们可以从这些因素出发，搭建一个适合自己展开良好行为的环境。比如，在准备专心工作之前，我们可以准备降噪耳机来阻隔噪声，也可以播放没有旋律、频率稳定的"白噪声"，形成环境声音隔绝层，有利于我们集中注意力。另外，我们还可以通过空调、加湿器来调整温度、湿度，再调节好光源的亮度，使身心感觉更为舒适，感官也能坚持更长时间不觉疲惫，工作效率便可得到很大提升。

2. 寻找适合的氛围环境。

与物理环境不同，氛围环境是看不见、摸不着的，但它对行为、心理的影响同样不可小视。就像在热闹的演唱会上，我们会受到氛围的影响，不知不觉地扭动着身体，跟着观众一起放声歌唱。而在安静的图书馆中，我们却会不由自主地放低声音，选一本书坐下来聚精会神地阅读。

所以想要认认真真地学习、写作的话，不妨选择图书馆、自习室这样的环境，身边都是认真读书或学习的人,这会让我们不知不觉受到感染,进入状态,成为默默学习的一员。

3.利用环境培养好习惯。

如果我们想要养成一些良好的习惯,也可以利用环境来帮忙。比如,如果我们想要养成坚持锻炼的习惯,可是独自在家的时候无人监督,我们可能会"三天打鱼,两天晒网"。所以我们可以选择去离家较近的体育馆、运动场做运动,去之前还可以穿上专用的运动服、运动鞋,再带上一些运动器材,以便给自己营造仪式感,有助于提升行为的积极性。

此外,我们还可以和有运动习惯的朋友相约一起运动,或是参加一些长跑群之类的小团体,让周围的环境、周围的人帮助我们将良好的行为持续下去。

CHAPTER 06

第六章

管理情绪，建立高级平衡力

情绪诊断：情绪既是信号，也是工具

我们每个人都会有各种各样的情绪，身处不同的情境，面对不同的人时，情绪也会发生变化，从而构成了一个丰富多彩的情绪世界，这也被心理学家称为"情绪万花筒"。

心理学家把情绪分为正面和负面两类，正面情绪有开心、快乐等，负面情绪有沮丧、生气、悲伤等。看到"负面情绪"这个词后，我们可能会自然地认为这类情绪就是有害的或无用的，可事实上，情绪本无好坏之分。某种情绪之所以被称为"负面情绪"，是因为它会引发不好的现象，比如"生气"这种情绪会让人血压升高、心跳加速，引起胸闷、心慌、头晕，严重时可引发心肌梗死和心绞痛。另外，生气的时候，人们还会因情绪失控而做出一些过激的行动，从而引发严重的后果。但"生气"本身是中性的，不能用"好坏""对错"来简单地定义它的性质。

在心理学家看来，每一种情绪都是有其意义的，也有非常重要的功能。比如，情绪有信号功能，它可以帮助我们向他人传递信号，使他人能够更好地理解我们的感受、态度和看法。同样，我们也可以观察他人发出的"情绪信号"，如他人的面部表情、身体姿态、无意中做出的动作等，从而帮助我们了解他人的情绪变化。

秦峰是某公司的部门主管，最近他注意到一位下属小郑表现欠佳。小郑经常迟到早退，工作的时候也总是显得无精打采，工作效率十分低下。秦峰决定对小郑进行一对一指导，他把小郑叫进办公室，开门见山地说明了自己的意图，还特意用叹气、摇头等表现强调自己失望的情绪。

听完秦峰的话后，小郑脸上露出了错愕的表情，好像有些惊讶。秦峰趁势批评起了小郑，希望他能够认识到自己身上的问题。但是秦峰的语气有些生硬，用词也不留情面，小郑似乎有些不高兴了。小郑将双臂抱在胸前，眉毛紧皱，嘴唇紧抿，一句话也不肯说。秦峰终于意识到自己的沟通方式有些不妥，因为小郑已经表现出了明显的防御姿态，说明他心中出现了生气、反感之类的负面情绪。秦峰连忙调整策略，先对小郑道歉，说自己之前说话的态度不好，并且改用亲切的语气与小郑交流，还关心地询问小郑最近是不是遇到了什么困难，是否需要公司帮助解决。

秦峰诚恳的态度最终打动了小郑，小郑的面部表情变得松弛多了，抱在胸前的双臂也放了下来。当秦峰向他问话时，他不再抗拒，而是配合地回答起了问题……

这个案例提醒我们要多多关注"情绪信号"，才能在人际交往中消除误解、扫清障碍，从而取得更好的交往效果。事实上，情绪的功能还不止"信号"这一种，根据心理学家的研究，情绪的主要功能还有以下这几种。

1. 适应功能。

情绪的变化可以让我们更好地适应环境，或是和不同的人和谐相处。比如，在完全陌生的环境，人们友善的微笑能够缓解我们紧张、不安的情绪，我们也可以主动表现出快乐、积极的情绪，提升自我亲和力，降低适应新环境的难度。

2. 动机功能。

情绪能够唤醒或激励人的活动，并且引导并维持某些行为。比如，在适度兴奋情绪的影响下，人们会感觉头脑清晰，全身充满干劲，工作或学习起来效率很高，而且不容易感到疲倦。但是情绪也不是越高昂越好，根据心理学家唐纳德·赫布的研究，情绪唤醒水平和绩效之间存在"倒U形曲线"的关系，也就是说，在人们的情绪过于低落或情绪过于激动时都不利于提升绩效。

3. 组织功能。

情绪有组织认知、记忆、意志等的功能。比如，人在处于愉悦情绪时，很容易回忆起过去经历过的开心的事情。而在悲伤、难过的时候，则容易回忆起过去的伤心事，这就是一种情绪对记忆的组织功能。

正是因为情绪具有如此多样的功能，我们才应当重视情绪，让它发挥好作用，或是成为提升记忆力、意志力、认知能力的有效工具。

情绪觉察：正确快速地觉察自己的真实情绪

在初步认识情绪之后，我们还要学着管理好自己的情绪，而这可以从觉察情绪开始。说到"觉察情绪"，很多人可能会有些不以为然，觉得自己并非感觉迟钝的人，怎么可能察觉不到自己的情绪变化呢？

然而，觉察情绪并非如我们想象的那么简单。很多时候，人们并没有将注意力放在自己真实的感受上，无法准确地意识、描述和表达自己的情绪。当强烈的情绪袭来时，人们可能还没有做好足够的心理准备，就会被情绪带着走，从而做出一些违背自我意愿的行为。

赵晓鸥的妻子刚刚拿到驾照，想抓紧时间练练车。赵晓鸥主动请缨做"陪练员",还找了一条人少车少的路线,自己坐在副驾驶座上,说要给妻子"壮壮胆"。谁知妻子刚刚坐好,他就忍不住发表意见,让妻子握好方向盘,说她姿势不对。妻子赶紧按照指示调整了姿势,可他又发现了别的问题……

好不容易上路后,赵晓鸥看见妻子不熟练的操作,更是心急难忍,不停地说:"你慢一点、稳一点""不对不对,这里得快点"……不知不觉中,他变得越来越急躁,措辞也越来越不客气:"你怎么那么笨啊,抓紧打方向盘啊!""还等什么?超车啊!真是的,反应怎么这么迟钝?"

被赵晓鸥"数落"了半天,妻子再也忍不住了,她当即把车停在路边,愤怒地说:"我不用你陪练了,请你赶紧下车!"

赵晓鸥又惊讶又委屈,一个劲儿地说:"我不都是为你好吗?你怎么还不领情呢?"

赵晓鸥在"陪练"的过程中,情绪越来越急躁、厌烦,但他却没有觉察到这一点,在言语中表现出了急躁情绪,也让妻子感受到了强烈的压力,并产生了愤怒的情绪。像这样的情况本来是可以避免的,而这就需要我们锻炼自己的情绪觉察能力,准确地识别自己的情绪状态。为此,我们可以从以下几点做起。

1. 培养主动观察情绪的积极性。

我们首先不能抗拒情绪觉察,不要觉得观察和了解自己的情绪是浪费时间的事。事实上,只有更好地了解了情绪,我们才能真正成为情绪的主人,而不会被情绪牵着鼻子走。

2. 诚实地面对自己的情绪。

为了更好地面对情绪,我们可以暂时跳出自己的角色,摆脱自身立场的束缚,成为一个"旁观者",去细心地体会自己在此时的外部表现和内在心理活动,以便及时觉察情绪的变化,并可以进行相应的处理。

3. 给自己和他人留下情绪缓冲的机会。

观察到情绪变化后，我们应当提醒自己及时控制激动的情绪。比如，感觉到自己的呼吸急促、心跳加快、脸红发热、处于发怒边缘的时候，可以先从现场离开，以便给自己和他人一个情绪缓冲的机会。之后，我们可以做一些别的事情分散自己的注意力，使激动的情绪逐渐平复。我们还可以倾听自己内心的想法，问问自己为什么会产生这样的情绪。经过自我调整后，我们会感觉心头的压力减少了许多，也能够寻回被负面情绪压倒的理性。

当然，熟练地察觉自我情绪并不是一件简单的事情，我们需要不断练习，才能逐渐提升这种情绪的自我觉知力。因此，在日常生活、工作中，我们不妨有意识地安排一些情绪观察训练，使自己能够更好地把握情绪的运行规则，迈出管理情绪的第一步。

审视情绪反应：你的情绪反应模式是怎样的

我们的情绪是如何产生的呢？根据情绪认知理论的描述，情绪的产生要受到环境事件、生理状况和认知过程三种因素的影响。但是因为每个人的人格特质、认知能力、感受能力、生理条件各不相同，所以会形成完全不同的情绪反应模式。

在一个周五的晚上，去某超市购物的人数激增，收银区排起了长长的队伍。大多数人都能够遵守秩序，排队等待结账，可也有少数人堂而皇之地插队、加塞儿。面对这种情况，队伍中每个人的表现都不一样。

A是一个长相文静的年轻女孩，她看向插队者，皱起了眉头，嘴里小声嘟噘了一句什么，看上去很不高兴。

B是一个正在玩手机游戏的小伙子，他抬头看了看插队者，不以为然地"切"了一声，就将注意力重新集中到了手机上。

C是一个体格强壮的男子，他大声说了一句："怎么这么不自觉？"看插队者不理睬自己，他生气地握紧了拳头，准备上前去和那人理论一番。

D是一位气质端庄的中年女士，她注意到了C的表现，连忙拦住他，用温和的语气劝告道："别着急，我来想办法解决。"

接着，D走向了服务台，有礼貌地请工作人员出面维持秩序。于是，一场争执消弭于无形。

面对同样的环境事件（有人突然插队），A、B、C、D四人的情绪反应各不一样。A表现出了轻微的气愤和不满，B只有一闪而过的轻蔑情绪，C则情绪激动，差点控制不住自己的行为，D情绪平和，以理性的态度想到了解决问题的办法。

在生活中，像这样的例子并不少见，这也说明每个人都会有自己的一套情绪反应模式。具体来看，情绪反应模式一般包括以下几种组成因素。

1. 情绪与自我恢复。

每个人从负面情绪中恢复的能力不同，有的人能够迅速调整负面情绪，让自己恢复原来的状态。但也有人需要较长的时间才能走出阴霾、恢复平和。

2. 情绪与生活态度。

情绪状态会影响我们的生活态度。有的人能够让自己的积极情绪持续较长时间，生活态度也是积极的、乐观的。相反，有的人却会以悲观态度看待生活，即使遇到了快乐、幸福的事情，也常会有一种悲观的预期，因而他们的积极情绪总是不能维持较长时间。

3. 情绪与环境适应。

情绪还会影响我们的环境适应能力。有的人能够较好地觉察和辨识他人的情绪，并可以根据所处情境做出相应的情绪反应，因而与各类人都能够相处和谐，在各种场合也能够表现自如。但有的人却做不到这一点，会表现得与他人和环境格格不入。

4. 情绪与自我控制。

在情绪激动的时候，有的人能够较好地控制自己的言行，不会对他人造成严重的后果。但有的人却会变得十分冲动，有可能在情绪的摆布下出现过喜过悲、大吼大叫、暴怒伤人等失控情况。

5. 情绪与专注力。

不同的人排除情绪干扰、保持注意力集中的能力也不尽相同。有的人能够克服情绪影响，将注意力集中在重要的事情上，办事效率较高。但也有人会在情绪的影响下坐立不安、难以集中注意力，做事容易出错，效率也格外低下。

需要指出的是，一个人的情绪反应模式并不是固定不变的，而是可以通过调节认知、改变环境等方式来进行调整。比如，错误的思维方式会引发负面情绪，此时我们要做的就是对自己的想法进行反思，并逐渐消除不良的思维习惯。这样今后在遇到同样的情境时，我们就能够尽量避免出现消极的情绪反应。再如，良好的生活环境有助于保持情绪的稳定，我们可以有意识地对环境进行调整，也能让自己的情绪反应模式变得更加积极。

停止压抑情绪：压抑会让情绪问题愈演愈烈

在了解了自己的情绪反应模式后，我们应当以接纳的态度看待自己的情绪，不要在出现负面情绪的时候产生回避心理，更不要刻意地压抑自己的情绪。压抑情绪的害处是这样做并不会让负面情绪真正消失，而是会让它们在心中大量堆积，为自己带来更大的压力。心理学家曾经提出情绪水库理论，他们认为无法疏解的情绪会存放在水库中，一旦情绪水位超出了警戒线，水库就会崩塌，人们也会进入失控状态，从而造成非常严重的后果。

32岁的闵欢在遇到让自己生气的事情时，总是不知道该如何处理。她会独自坐着生闷气，同时有一种憋得难受的感觉，喉头有哽咽感，胸口也像压了一块大石头似的，有时还会有头疼、全身发冷的情况。

让她生气的主要原因是丈夫对家里的事情"太不上心"。每次家里有事需要丈夫，他都会理直气壮地说："单位事情太多，我实在是走不开。"

"可是我也有自己的工作要做啊，我并不比你轻松！"闵欢在心中愤怒地说道。但面对丈夫的时候，她又不知该如何开口，只能一次次地把生气、委屈和失落的情绪憋在心里。

这天在晚餐桌上，丈夫用一种轻松的语气对她说："明天老汪搬新家，我向单位请了一天假，去给他帮帮忙。"

这本是一件小事，却彻底惹怒了闵欢。她用力掀翻了饭桌，把饭菜全撒在了地上，还用手指着丈夫，愤怒地大吼："你根本就不爱我！也不爱这个家！"

面对失控的她，丈夫彻底傻眼了，他怎么都想不明白平时性情温顺的妻子竟会有这样的表现……

闵欢不想影响家庭关系的和谐，因而一直压抑自己的情绪问题，可这样做却让她变得更加敏感，在遇到一定的情绪触发因素后就会突然失控、大发雷霆。至于她选择压抑情绪的原因，则与个体的心理防御机制有很大的关系。心理学家认

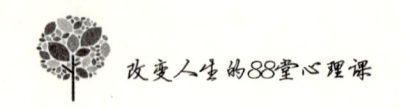

为，个体在面临挫折或身处紧张、冲突的情境时，会采取某些措施减轻心中的不安，以暂时保持心理的平衡与稳定，这就是心理防御机制。

压抑情绪，让自己暂时忘记不愉快就是一种自我防御措施，但这种方式只会在短时间内奏效，时间长了，压抑的情绪会造成认知和思想的扭曲，更有可能引发严重的心理问题。

1. 越回避情绪，越无法摆脱。

心理学上有一个著名的白熊实验，主要是说人们越回避"白熊"这个词，脑海里就越容易出现与白熊有关的想法。不难想象，我们平时越回避、压抑情绪，强迫自己不要去想这种情绪，或极力回避引发情绪的人或环境，都会造成反效果，会让情绪问题愈演愈烈。

2. 越压抑情绪，越心力交瘁。

经常性压抑情绪的人往往会陷入思维的"死胡同"，他们会不停地思考该如何摆脱眼前的困境，有时还会不断地抱怨，想不通为什么这种悲伤的、糟糕的、痛苦的事情会发生在自己身上。这样的思考不但解决不了情绪问题，还会让心理状态变得更加糟糕，过度思考还会消耗精力、脑力，从而让注意力下降、工作学习效率降低，所以必须当机立断停止无用的思考。

3. 越压抑情绪，越会影响人际关系。

很多人选择压抑情绪，有很大一部分原因是为了维持人际关系，避免和他人发生矛盾。可事实上，正常的人际交流离不开情绪的互通互动，如果一味压抑情绪，不让对方知道自己的真实感受，反而会让彼此之间的关系变得越来越疏远。

由此可见，我们不应把情绪一直压在心底。在感觉内心不舒服的时候，可以通过合理的方式表达和宣泄情绪，才不会让情绪变成人生中不定时的"炸弹"，最终以我们意想不到的方式突然爆发。

梳理情绪：用情绪 ABC 法走出低谷

想要更好地管理自己的情绪，我们应当学会梳理情绪，也就是要找到情绪真正的起因，了解情绪产生的过程，才能摆脱负面情绪的困扰，走出情绪障碍的低谷。

美国心理学家埃利斯曾对此进行深入研究，并提出了一个情绪 ABC 理论。在这个理论中，A 指的是让情绪发生变化的应激事件，而 B 指的是人们对于该事件进行认知和评价后产生的信念，C 指的是由此引发的情绪和行为的后果。埃利斯认为，引发后果的其实不是通常人们认为的应激事件，而是信念。那些不善于管理情绪的人，正是因为信念发生了偏差，才会产生各种负面情绪，并有可能引发情绪障碍。

宋丽是某公司销售部门的员工，她对待工作认真负责，业绩也比较出色，可就是有一个不好的毛病——总是喜欢胡思乱想，并常常因为一些想法陷入深深的烦恼之中。

这天，宋丽去参加部门会议，主管在白板上写下了下个季度的销售目标，数字定得比较高，员工们都觉得心里没底。可当主管问大家有什么意见时，谁都不敢主动举手发言。主管有些着急，就点了宋丽的名字。她也没多想，张口便说："我觉得这个目标不合理……"说完后她才有些后悔，赶紧偷偷观察主管的表情，发现主管似乎瞪了自己一眼……

会议结束后，宋丽一直想着这件事，觉得主管肯定对自己很失望、很生气，以后在工作中肯定会给自己"穿小鞋"，而自己还想参加优秀员工评选，这样看

来也没有什么希望了。她越想越难过，当晚翻来覆去怎么都睡不着，第二天起来时只觉得头晕目眩、状态极差……

我们不妨为案例中的宋丽梳理一下整个事件。她在开会时发表了和主管不同的意见，觉得主管瞪了自己，这就是情绪的诱发事件。她对这一事件进行了自己的解读，产生了不合理信念——觉得主管肯定会报复自己，而自己的前途也会大受影响。她出现的坏情绪和失眠正是不合理信念引发的结果。

从这个案例也可以看出，想要管理好情绪，就要学会调整信念，如果能够扭转非理性理念，就有可能让情绪和行为的结果变得正面、积极。为此，我们可以从以下几个步骤做起。

1. 尝试梳理情绪。

在情绪不佳、状态不好的时候，我们可以拿出纸笔，按照情绪 ABC 理论来梳理情绪。先写下诱发事件，再写下自己的解读（即信念），有时一件事情可以从多个角度进行解读，我们可以将所有的信念都写下来，再将每种信念可能引发的结果写在后面。

2. 揪出不合理信念。

接下来，我们要从写好的信念中找出不合理信念，如对自己或他人提出了必须达到的要求，或者把偶然发生的事情当成常态，把小问题看成不可救药的大事。这些都属于不合理信念，可造成严重的负面情绪，更有可能引发心理问题。我们一定要积极地识别不合理信念，在它们产生的第一时间采取行动，避免问题愈演愈烈。

3. 进行自我分析。

找到不合理信念后，我们可以尝试与自我辩论，告诉自己合理的信念应当是什么样的。比如，案例中的宋丽就可以告诉自己："我只是在开会时发表了自己的合理看法，主管当时或许会有些不满意，但过后一思考就会发现我的建议是有道理的，所以他不但不会为难我，反而还会对我做出更好的评价。"在合理信念的影响下，情绪和行为会向良好的方向转变。

自我暗示：最简洁的情绪调节方法

在负面情绪袭来时，我们不妨尝试对自己进行积极的心理暗示，借助语言、动作、环境等多种形式，对自身施加积极的影响，从而达到减轻心理负担、调节消极情绪的目的。

行为主义学派先驱巴甫洛夫认为，暗示是人类最简单、最典型的条件反射。从心理机制上讲，暗示是一种被主观意愿肯定的假设，不一定有根据，但由于我们在主观上已经肯定了它的存在，心理上便会竭力趋向于这项假设的内容。正是因为这样，当我们身处不良情境中，或是接收到了一些消极的刺激时，就可以对自己进行正面的、积极的暗示，以便让自己保持乐观的情绪、平稳的心境和良好的心态。

小陈最近遇到了一些不顺心的事情，心情非常糟糕。上班的时候，她无精打采、意志消沉，因为不想总是被同事询问，她索性一整天都躲在办公室里，希望坏心情会自动消散。

让她沮丧的是，第二天她的情绪仍然不见好转。可当天下午她还要和一个非常重要的客户见面，这不免让她十分担心，怕自己表现得不够热情，会影响业务的顺利进行。

在出门之前，她拿起镜子，轻轻拍打着面庞，对自己说："我现在非常开心，

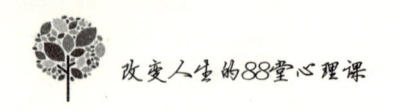

也很有精神，一会儿我出现在客户面前时，一定会是最好的状态。"之后，她又对自己重复说了好几遍："开心！加油！我是最棒的！"

令她惊奇的是，她发现自己的心情比之前轻松了很多。等到与客户碰面后，她谈笑风生、表现自若，给客户留下了很好的印象。

小陈在无意中使用了自我暗示——用积极的暗示对自己施加正面影响，让低落的情绪得到了缓解。

也许你会觉得这有些不可思议，但容易受到暗示确实是人的心理特性之一，它是人类在漫长的进化过程中，逐渐形成的一种无意识的自我保护能力和学习能力。而自我暗示的关键点就是要变无意识为有意识，也就是要对自己多施加积极的心理暗示，避免消极的心理暗示。

具体来看，暗示可以从语言、行为、环境这三个角度来进行。

1. 语言暗示。

心理学家通过研究发现，在进行语言暗示时，无论是大声喊出来，还是在心中默念，抑或是在纸上书写，都能够产生一定的效果。只不过这种用来暗示的积极语句应当尽量简短、有力，才能在我们的潜意识中留下更加强烈的印象。在使用积极语言暗示的同时，我们还要避免使用消极暗示语，以免造成负面情绪的大量滋生。

2. 行为暗示。

情绪不佳的时候，我们还可以做一些特定的行为，如站在温暖的阳光下，张开双臂，舒展身体，做几次深呼吸或是对着镜子练习微笑，这些行为能够带给我们积极的暗示，有助于提升自信心、快乐感，并能够让积极的情绪感染他人，会让他人对我们的印象大为改观。

3. 环境暗示。

环境会对我们的心理和情绪产生很大的影响，我们可以通过调整或改变环境来对自己进行积极的暗示。比如，将环境打扫干净、物品摆放整齐，再调亮光线，摆上一些造型可爱的摆件，都可以让自己感觉更加舒适，情绪也会不知不觉地轻松、愉悦起来。

自我暗示的方法还有很多，我们可以合理利用这种简单、有效的方式，帮自己建立积极的情绪基调，并可阻止抑郁、焦虑、愤怒等消极情绪进一步发展。

情绪表达：纾解情绪水位，让心灵松弛

为了避免负面情绪无限堆积，我们应当以适当的方式表达情绪，这就像是在降低情绪水库的水位，能够给紧张的心灵以松弛的机会，从而有效避免多种情绪问题。不仅如此，善于表达情绪，还能让他人更好地理解我们的感受，有助于解决很多现实问题。

梦雨是某线上教育中心的培训师，这天她和助手小楼约好，要在当晚7点做一次线上培训。为了这次培训，梦雨做了很多准备工作，还设计了一些精彩的环节，谁知就在培训正式开始前的一个小时，小楼给她打来了电话，说自己临时有事不能出席，让梦雨想办法找人顶替自己。

梦雨非常生气，她的第一想法是："小楼怎么这么不负责任，有事为什么不能早点通知我？"可她并没有将这个想法直接说出口，而是换了一种说法，从自己的角度出发，表达了委屈、急切的心情："时间这么紧，我该怎么办啊？临时找来的人不熟悉环节，肯定会出问题，到时我该怎么和学员交代呢？"

小楼一听，顿时觉得很不好意思，说话都变得结结巴巴的。梦雨趁势说道："小楼，你不妨换位思考一下，如果今天是你主持会议，我临时通知你有事来不

了,你会有什么样的心情呢,是不是觉得很憋屈、很难受,还有点生气?说实话我很不喜欢这样的处理方式,会让别人非常被动。所以不管遇到了什么样的难处,我答应做到的事情一定会做好……"

这番话让小楼觉得更加惭愧了,连连向梦雨道歉,梦雨看她态度诚恳,也就原谅了她,还主动调整了培训环节,让小楼先完成她负责的那部分,可以提前离开。问题就这样解决了,小楼对梦雨十分感激,两人之间的关系也更加融洽了。

案例中的梦雨可谓是一位情绪表达的高手,当她觉得内心很不舒服的时候,没有刻意压抑情绪,而是用适当的方式将情绪表达出来。而且在表达情绪时,她使用了多种技巧,如从自我角度来描述情绪,并且鼓励对方换位思考来感受情绪等。这样的情绪表达非常有效,能够让对方准确接收情绪信号,而且不会造成负面影响。

当然,大多数人在表达情绪时可能还做不到这么熟练自如,有的性格内向的人甚至会将表达情绪视为一件痛苦的事情。为此,我们不妨尝试以下这些方法,让自己能够毫无压力地表达情绪。

1. 向自我表达情绪。

提到情绪表达,我们可能会很自然地想到向他人倾诉情绪,其实那只是情绪表达的形式之一,最关键的形式应当是向自我表达。也就是说,让自我意识到当前这种情绪的性质、特点以及情绪产生的原因,使情绪认知能够提升到意识层面。我们只有先做好这一步工作,才能更好地向他人、向环境表达情绪。但很多人在这方面存在欠缺,而这会让负面情绪不断加重,也容易引发很多心理疾病。

2. 向他人表达情绪。

在自我表达的基础上,我们可以将自己的情绪向周围的人表达,使他人能够认识到我们的情绪，并可以和我们一起解决情绪问题。情绪表达的对象可以是自己信任的人，如亲人、朋友、心理医生等，也可以是导致该种情绪产生的"罪魁祸首"。比如，案例中的梦雨就在助手突然请假时，及时表达了委屈、难过、生气的情绪，使助手意识到自己的做法不妥，愿意采取行动解决问题，梦雨的负面情绪也可借此得到缓解。

3. 升华表达情绪。

在心理学家看来，升华表达是情绪表达的最佳形式，因为这种形式不但能够起到纾解负面情绪的目的，还能让情绪得到升华，可以为心灵提供正能量，对保持心理健康很有帮助。比如，情绪不佳的时候，我们可以从事文学创作，用笔尽情地书写自己心中的郁闷。我们还可以用歌唱、演奏的方式来宣泄情感，这样不但能够降低情绪水库的水位，还能享受艺术的美，达到升华情绪的目的。

另外，我们还可以将情绪转化、升华为人生的动力，如人们常说的"化悲痛为力量"就是一种升华悲痛情绪的办法，它能够帮我们走出负面情绪的困扰，使我们变得更加坚强、更加富有信念。

情绪宣泄：适当发泄，不要让情绪压垮自己

在情绪激动、压力过大的时候，我们还可以通过情绪宣泄法来快速排解和释放愤怒、怨恨、焦虑、抑郁、悲痛等负面情绪。及时、适度的宣泄有利于身心健康，会让我们感觉压力顿消，失衡的心态也会逐渐恢复平和。

有一对非常恩爱的年轻夫妇，育有一个可爱的女儿，一家人过着幸福甜蜜的生活。可就在孩子3岁的时候，厄运突然降临——丈夫在外出办事时遭遇严

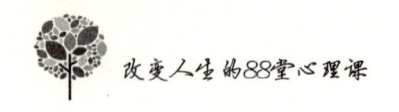

重车祸，当场去世。

妻子得知消息后，因为过于震惊、悲痛，整个人不说话也不哭泣。亲友想要安慰她，她也不做回应，这让亲友感到十分担心。

幸好亲友想到了她的孩子，便赶紧把孩子抱到她眼前，让孩子牵着她的手，一声声地喊"妈妈"。

听到孩子稚嫩的声音后，她终于恢复了理智。只见她紧紧地搂住孩子，放声痛哭起来。这一场哭泣耗尽了她所有的力气，几乎让她昏厥过去。但当她停止哭泣后，却觉得紧绷的身体松弛了下来，心情也没有之前那么绝望、难受了。她甚至开始理性地思考问题，设想自己在丈夫离开之后应当如何抚养孩子，亲友们见状也都松了一口气……

案例中的妻子因为极度悲痛，出现了严重的情绪失控问题，身心高度紧张，还丧失了应有的理性。好在亲友想办法让她痛哭了一场，使悲痛情绪得以宣泄，她才不会在痛苦中越陷越深、难以自拔。

这种情况被心理学家称为"哭泣效应"，是一种非常有效的情绪宣泄法。根据生理心理学家的研究，哭泣能够激活副交感系统，让身体感到放松。哭泣时人体还会释放去甲肾上腺素，有缓解压力、"钝化"痛苦的作用。因此，我们不必抗拒哭泣这件事情，在想哭的时候，不妨找一个安静无人的环境，痛痛快快地大哭一场，之后自己就会觉得轻松不少。

那么，除了哭泣，还有哪些宣泄情绪的好办法呢？

1. 大声喊叫。

心里不舒服的时候，我们可以到公园绿地、树林、河边等空气新鲜的地方大声喊叫一番。我们在喊叫时可以吸入大量氧气，能够改善呼吸功能、促进血液循环和胃肠蠕动，所以在喊叫后我们会感到压力顿消，情绪也会恢复平和，还会有精神振奋、胃口大开的感觉。

2. 从事运动。

运动能够促进内啡肽的分泌，可以让人产生愉悦感。另外，进行快节奏的运动，如跑步、拳击、跳韵律操等还能分散和转移注意力、消除压力、改善情绪。不过我们要注意控制好运动量和运动时间，避免过量运动对身体造成损害。

3. 外出旅游。

旅游可以让我们暂时远离容易引发烦恼的人和事，从而会有一种松弛感和解脱感，有助于我们改善情绪。此外，旅游途中看到的美景、遇到的趣事也能丰富我们的精神世界，可以帮我们摆脱焦虑、愤怒、抑郁等负面情绪。

上述这些情绪宣泄法都是在合理的范围内释放情绪，不会给自己和他人造成不良影响。但是有些人会把宣泄当成发泄，会采用一些暴力行为来排解情绪，这样的做法是不值得提倡的。

比如，在情绪不佳时，人们会用摔砸东西、伤害他人的方式来发泄愤怒、烦躁和不满，这类行为会促使肾上腺素分泌，反而会让情绪变得更加激动，不利于安抚自己的神经系统。不仅如此，当人们习惯了用暴力解决情绪问题后，会更加无法管理和控制好自己的情绪，有时可能只是遇到一些鸡毛蒜皮的小事就会突然发作，从而造成难以弥补的后果，所以一定要注意避免。

抑制冲动：从失控的情绪中找回理性

积极心理学家乔纳森·海特曾经将情绪比作一头大象，而理性就像是骑象人。在情绪稳定、心态和谐的时候，骑象人能够操纵大象向着既定的方向行进。可是在情绪失控的时候，骑象人的力量就显得微不足道了。此时，体积庞大的大象肆意奔跑、横冲直撞，难免会造成非常严重的后果。

张蕾和李峰是一对热恋中的情侣，两人的感情非常深厚，恨不得每时每刻都黏在一起。

可最近一个月来，李峰因为要写毕业论文，没时间陪伴张蕾，让张蕾觉得有些失落。不过她也很心疼李峰要熬夜写作，便亲自炖了营养汤，送到了李峰的宿舍。

没想到，李峰只喝了两口，就回到电脑前继续打字。张蕾顿时不高兴了，她委屈地质问李峰，为什么不珍惜自己的心意。李峰本来就被论文弄得头疼无比，听到张蕾的"控诉"后，只觉得她是在小题大做，不但没有哄她，反而和她争执了几句，之后气呼呼地摔门离去。

张蕾气得满脸通红，呼吸急促，脑海中也被各种想要报复的想法占据。终于，她冲到李峰的电脑前，将他辛苦写了一个月的文件删除了……

案例中的张蕾在盛怒之下失去了理性，酿成大错，不但给男友造成了难以弥补的损失，也将自己的恋情引向了终点。这种糟糕的结局本来是可以避免的，因为情绪并不是在出现之后立刻走向失控的，而是有一个发展、爆发、恢复的过程。假如我们能够在这个过程中及时进行自我调节，找回自己的理性，就不会让事情发展到不可收拾的地步。

心理学家丹尼·西格尔曾将情绪失控的过程分为以下四个阶段。

第一，触发阶段。指的是人们受到某个触发事件的刺激，唤醒了内心的负面记忆，因而开始产生负面情绪。

第二，过渡阶段。指的是大脑从可控状态转入失控状态的过程，如果此时不能及时调整认知、疏导负面情绪，情绪状态不断恶化，距离失控就只有一步之遥。

第三，浸没阶段。指的是情绪彻底失控的阶段。到了这个阶段，人们的心智已经被激动的情绪完全蒙蔽，可能会做出一些过激的行为。

第四，恢复阶段。指的是情绪逐渐恢复平和、头脑逐渐恢复清醒的阶段。

分析这四个阶段，我们会发现过渡阶段是非常关键的，如果能够在此时进行自我反思，就能够避免进入浸没状态。为此，我们可以采用情绪诘问法，让自己尽快找回理性。

首先，我们需要回顾情绪失控之前的场景。在此过程中，尽量不要代入自己的情绪，而是要暂时跳出自己的角色去看问题，这样才能避免看法过于主观、片面。

其次，我们可以不停地追问自己问题，再自己给出答案。比如，我们可以问自己："我为什么会这么生气？""究竟是什么把我推向了崩溃的边缘？""这件事是让我情绪失控的真正原因吗？""如果不是，我内心真正的需求又是什么呢？"这些问题能够帮我们拨开眼前的迷雾，会让我们的认知越来越清晰。

最后，我们可以总结自己从情绪反思中得到的经验和教训，再整理出一些适合自己的情绪控制技巧。在下次遇到类似情境时，就可以运用这些技巧调节情绪，让自己保持冷静、镇定，避免情绪失控。

提升情商：锻造你的"情绪智力"

在日常生活中，我们经常会听到"情商"这个词，那么，"情商"到底是什么呢？其实，情商的全称是"情绪商数（Emotional Quotient，EQ）"，也就是个体自我情绪管理的能力指数。

第一个使用"EQ"这个词语的人是心理学家巴昂，他编制了世界上第一个标准化的情绪智力量表。在巴昂之后，很多心理学家都投入了对情商的研究中，哈佛大学的心理学教授丹尼尔·戈尔曼撰写了《情商》一书，让情商的概念得到了普及。

心理学家认为，情商水平高的人很善于识别、管理自己的情绪，他们的情绪生活丰富，但又不会逾矩。在独处时，他们不会让自己长时间陷入负面情绪中。在与人交往时，他们会表现得乐观、积极、富有同情心，还能用良好的情绪影响他人。情商水平低的人则完全相反，他们不善于感受、理解、控制、表达自己的情绪。在与人相处时，常常不考虑他人的感受随意说话或做事，因而很容易招来他人的反感。

26岁的佟凯是一个热心肠的年轻人，他对自己的评价是"善良、讲义气"。可在现实生活中，他却成了一个不受欢迎的人。佟凯自己也不明白这是为什么，他总觉得自己做事都是出于一片好心，但结果总是事与愿违。比如，有次他和一个朋友聊天，听朋友说投资亏了一些钱，觉得对不起父母，春节不好意思回家。

佟凯为朋友感到担心、难过，心里一直琢磨着该怎么帮助朋友。后来他灵机一动，给朋友的家人打了个电话，将朋友的处境描述得十分凄惨，希望能够打动其家人，让朋友能够安心地回家过年。

佟凯觉得自己做了一件好事，心中美滋滋的。谁知朋友很快就发来微信，将他狠狠地斥责了一顿，说他多管闲事，还说他夸大其词，害得家人白白担心。

佟凯不禁委屈地辩解道："我这么做也是为了你好啊。"

朋友却气呼呼地回了一句："那是你以为的'好'，别强迫别人接受你的观念！"

说罢，朋友便将佟凯拉黑了，佟凯看着逐渐暗下去的手机屏幕，好半天都回不过神来……

第六章 管理情绪，建立高级平衡力

佟凯就是一个让人头疼的低情商者，他对自己身上的问题一无所觉，也不善于进行反思，说话、做事全凭自己的情绪推动，从不考虑别人会有什么样的感受。在他人看来，低情商者是不成熟的、情绪化的，他们往往在控制自我情绪、发展社会交往能力等诸多方面存在很多问题，也很难和他人达成和谐、良好的关系。正因为这样，他们往往更难实现自己的人生目标。

那么，低情商的人应当如何提升自己的情商呢？在这方面，丹尼尔·戈尔曼给出了五条建议。

1. 提升自我意识能力。

在情绪发生时，我们应当及时觉察，知道自己正处于什么样的情绪状态，知道是什么原因让自己进入了这种状态，这样才能够采取相应的措施，避免出现感情用事的问题。当然，能做到这一点并不容易。戈尔曼教授发现很多人会根据内心的直觉迅速得出结论，说自己正处于何种情绪，但这样的答案不一定客观。所以我们在判断时不能过于心急，最好能够跳出自身的视角，仔细回顾近期的生活状态，才能得出比较准确的结论。

2. 提升情绪控制能力。

我们还应当调节、引导、控制、改善自己的情绪，让自己能够成为情绪的主人，而不总被情绪牵着鼻子走。就像在焦虑、烦躁、沮丧、愤怒等负面情绪出现时，我们就要想办法及时进行干预，如找到原本的错误思维模式，从源头阻止负面情绪继续滋生或向他人蔓延。

3. 提升自我激励能力。

这里所说的激励与我们熟悉的物质激励不同，它是要发挥情绪的积极作用，让自己能够受到强烈的精神方面的激励。为此，我们可以从设定可视化目标开始，激发自己对目标的渴望，并设置相应的精神方面的"回报"，让自己能够产生愉悦、满足、自豪等正面情绪，从而调动专注力，提升精力和活力，坚定地朝着目

标前进，或是能够从生命的低谷中走出来，重新出发。

4. 提升识别他人情绪的能力。

我们可以根据他人发出的语言、行为、表情等多种信号，敏感地捕捉对方的情绪变化并由此透视对方真正的需求与欲望。接下来我们可以由此出发，采取不同的沟通策略，就能把话说在对方的心坎上，从而让沟通交往变得更加顺畅。

5. 提升处理人际关系的能力。

我们还要学一些维系人际关系的技巧，如交谈的技巧、倾听的技巧、赞美的技巧、说服的技巧等。这样在与他人相处的时候，我们就能更好地理解他人的情绪，顺势引导他们的感受，使他们愿意接受我们提出的要求，并对我们产生一定的好感，而这对构建融洽和谐的人际关系、达成自己的各项目标都是很有帮助的。

CHAPTER 07

第七章

加强自控，打造超级意志力

意志力：自我引导的力量

心理学家罗伊斯说过："从某种意义上讲，意志力通常是指我们全部的精神生活，而正是这种精神生活在引导着我们行为的方方面面。"

的确，意志力是一种非常强大的力量，它能让我们控制自己的欲望，调节自己的行动，从而克服重重困难，实现我们想要实现的目标。

为了深入研究意志力对个体的影响，斯坦福大学心理学教授沃尔特·米歇尔做过一个经典的棉花糖实验。

米歇尔带着研究人员来到一所幼儿园，随机挑选了几十名幼儿，让他们待在一个小房间里。房间里只有桌椅，没有其他多余的玩具、书本，不会分散孩子的注意力。每张桌子上放着托盘，托盘里有孩子们最喜欢吃的棉花糖。

研究人员在离开房间之前，告诉孩子们："你们可以马上吃掉棉花糖，也可以等我回来再吃。那时候，如果你的棉花糖还在，我就会再奖励你一颗。"

之后，米歇尔通过监控设备悄悄观察这些孩子的行为，他发现孩子们的表现各不相同。有的孩子毫不犹豫地吃掉了棉花糖；有的孩子坚持了半分钟到3分钟的时间，才终于吃下了棉花糖；可也有一些孩子成功地抵御了棉花糖对自己的诱惑，一直坚持到研究人员归来，最终得到了属于自己的那份奖励。

米歇尔前后对650多名孩子进行了这个实验，他发现能够坚持到最后的孩子约占总人数的1/3。此后的十几年里,他和助手一直持续追踪、观察这些孩子的表现。结果发现,在实验中坚持时间长的孩子的学习成绩相对更好,处理问题的能力更强,成年后在工作中的表现也更为出色。相反,那些马上吃掉棉花糖的孩子常常表现得缺乏耐心,注意力也不够集中,在压力面前容易出现逃避行为,导致学习成绩不佳,成年后在事业、人际关系方面也常会出现问题……

棉花糖实验告诉我们,意志力是引导个体走向成功的重要因素,意志力越强,就越是能够真正掌握人生,拥有更加美好的未来。意志力的作用主要体现在以下几个方面。

1. 意志力的导向作用。

意志力能够让我们对自己行动的目的和意义有清晰、准确的认识,并能够主动支配自己的行动达到这个目的。比如,有较强意志力的学生能够明白学习对于自己人生的意义,他们能够根据自己的认识和想法自觉地进行学习,在学习的过程中能够排除各种干扰和诱惑,学习效率高且不易觉得疲倦。

2. 意志力的调节作用。

当我们在行动中遇到困境、感觉自我动机不足的时候,意志力可以起到调节信心和动机的作用。它能帮我们提升信心、减少犹豫,还能促使我们在紧要关头当机立断地做出决定。在工作、学习和生活中,我们也能够看到意志力强大的人在遇到困难时没有灰心丧气、怨天尤人,而是深入研究问题,多拟定一些方案,寻找一些办法,使自己能够逐渐走出困境。

3. 意志力的控制作用。

意志力还能够帮助我们控制那些与预定目的相矛盾的欲望或行动。根据心理学家麦格尼尔格的研究,大脑的前额皮质能够控制思维和冲动情绪,调节感觉,可以帮我们判断什么是"我要做"的,什么是"我不该做"的,而它也就成了意

志力的生理基础。

但我们的大脑同时也保留着冲动系统和本能系统，使得我们在很多时候倾向去做那些"容易的事情"。比如，一直不停地刷短视频，能够带给自己一种廉价的快乐，属于"容易的事情"，不需要用到意志力。可要是想让自己放下手机，重新投入有难度的工作中去，就需要付出一定的意志力，才能控制自己不再虚耗时间、拖延任务。

意志力是有限的，别轻易透支

意志力是非常重要的资源，但我们不得不接受这样的事实：在一定时间内，意志力的存量是有限的，每用去一点就会少一点，如果过度使用，还会出现意志力难以恢复的情况。在这方面，心理学家也进行过很多实验，其中最有代表性的是心理学家罗伊·鲍迈斯特所做的实验。

罗伊随机挑选了一些学生，通知他们务必饿着肚子来参加实验。等学生们来到实验室后，罗伊将他们分成了A、B、C三组，并安排助手引导他们进行实验。

其中A组被带到一个小餐厅，那里摆着一张餐桌，桌上放着两个盘子，一盘摆放着刚刚从烤箱里拿出来的巧克力饼干，另一盘摆放着一些味道不佳的生萝卜。罗伊的助手告诉学生们可以随意选择吃什么，他们自然都选择了散发着香气的饼干。等他们吃完后，助手把他们带到一间教室，请他们做一些有难度的几何题。

与此同时，B组的学生也被引到了餐厅，但他们被告知只能吃萝卜，不能碰那些饼干。这些饥肠辘辘的学生虽然很想吃饼干，却只能控制自己去吃不好吃的萝卜，之后他们也被带到教室开始做题。

至于 C 组则是对照组，他们没有吃任何东西，直接前往教室答题，因为过于饥饿，题目又烦琐难解，他们大多只能坚持 20 分钟，就选择了放弃。A 组和 C 组的结果差不多，大概也坚持了 20 分钟，可 B 组的情况大为不同，他们平均只能坚持 8 分钟。

上面这个实验在一定程度上证明了意志力的有限性。A 组学生在进食环节根据自己的心愿选择了饼干，没有消耗任何意志力。B 组学生却要花费不少意志力去抵抗饼干对自己的诱惑，短时间内，这部分被消耗的意志力无法得到弥补，在答题环节就会显得意志力不足，坚持时间最短。

这种情况在日常生活中其实并不少见。比如，早上我们来到工作岗位的时候，意志力资源相对充足，能够自觉地控制自己的行为，认真完成手头的任务。随着时间一点点过去，意志力资源一直被消耗，却没有得到弥补，我们的状态就会变得越来越懈怠，常常会出现注意力不集中、效率低下的问题，有时还会不由自主地做一些与工作无关的事情。

既然意志力如此稀缺、宝贵，我们就要尽可能注意避免意志力的透支，同时还要用好意志力，以尽可能提高效率。为此，我们可以注意以下两点。

1.将意志力用在刀刃上。

我们可以给工作、学习、生活中的任务做一做排序，然后选择意志力资源最充足的时候去做最重要的事情，也就是要把"好钢用在刀刃上"，才能避免资源浪费。一方面，我们可以按照任务状态、耗费时长来排序。比如，可以先做那些已经进展到一定程度，只要稍作调整，用不了多少时间就能完成的任务。再做进行了一半，还需要做些较大改动，可能需要花费较多时间的任务。

另一方面，我们可以按照任务的重要性、紧急性来排序。比如，先完成重要

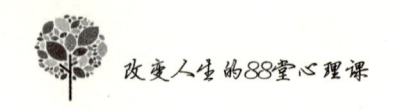

又紧急的任务,再完成重要但不太紧急的任务,接下来是不重要但紧急的任务,以及不紧急也不重要的任务。

2. 别为不值得的事情浪费意志力。

心理学上有一条"不值得定律",说的是人们都有这样一种心理,即如果感觉自己正在从事的是不值得的事情,就不会付出很多努力去把它做好,而且这种事情即使最终成功完成,也不会让自己获得很多的成就感。

因此,对于那些"不值得"的事,我们与其浪费意志力去完成,还不如在做计划的时候就将它们舍弃。为此,我们可以估测一下每件事的"成本收益比"。比如,有的事需要我们花费较多的意志力才能完成,也就是说,这种事耗费的"成本"较高,但我们能够从中取得的"收益"微不足道,这就属于"不值得"的事情,需要被我们及时舍弃,才能把节省下来的意志力用在更加值得的事情上。

肌肉的魔术:意志力是可以训练的

虽然意志力的存量是有限的,但我们可以通过不断的训练提升存量的阈值,让自己的意志力变得更加强大。对此,心理学家罗伊·鲍迈斯特提出了意志力的"肌肉模式",也就是将意志力与肌肉类比。比如,肌肉使用过度会感到疲劳,需要补充能量才能继续使用,意志力也是如此。此外,肌肉可以通过训练变得更加强健,而意志力也具有同样的特点,所以我们可以像训练肌肉一样训练自己的意志力。

36岁的赵威是一名新媒体从业者,平时工作节奏紧张、压力很大,有时半夜还在查找资料、策划选题。每当感到精神不济、情绪不佳的时候，他就会往嘴里塞一颗糖，去享受那种短暂的满足感和愉悦感。

可是大量吃糖带来的后果非常严重，他的体重直线上升，嘴里还多出了几颗龋齿，皮肤也变差了。更糟糕的是，吃糖带来的快感只能维持很短的时间，稍后他就会重新陷入焦虑、烦躁的情绪中。

"我不能再吃糖了！"赵威对自己说。为了戒掉"糖瘾"，他接受了一位心理咨询师的建议，在客厅里摆放了一个玻璃罐子，里面装满了诱人的糖。因为他在工作时会边走边想选题，走到客厅的时候就能够看到糖罐，但此时他应当按照心理咨询师的嘱咐，对自己说："我不要吃罐子里的糖。"

最初几天，他没能抵挡住糖对自己的诱惑。可在一周后，情况发生了变化，他发现拒绝吃糖并不是一件十分困难的事情。他索性增加了自我训练的次数，经常故意经过客厅，却不去碰那些糖。慢慢地，他发现自己对糖的依赖性减少了，即使在其他地方看到糖，也没有以前那么强烈的食欲。而且他发现自己在工作中也变得更有干劲，能够在同一个任务上专心工作更长的时间，却不会感到疲倦、厌烦。

赵威一次又一次拒绝吃糖，其实就是在训练自己的意志力"肌肉"。他用"我不要"不断克服对自己没有益处的欲望，使得意志力的阈值一点点提升。这样做的好处也非常明显，他不但成功戒除了"糖瘾"，还在工作中表现出了更强的意志力，而这可以提升他训练的积极性，从而形成一种良性循环，使他的意志力变得越来越强大。

我们如果想要锻炼意志力，也可以尝试这样的办法——用"我不要……"说服自己去做一些有益的小事，以便找到意志力训练的突破口。

心理学家还总结了一些增强意志力的小方法，可供我们参考。

1. 坚持冥想。

想要训练意志力，冥想是一种简单有效的方法，它可以帮我们减轻压力、提升大脑专注度，从而强化意志力。心理学家建议我们循序渐进地安排冥想练习，如最初每天坚持5分钟冥想，之后可以逐渐延长时间到10分钟、15分钟。在冥想时，如果出现了走神的情况，可以将注意力集中到呼吸上，在一呼一吸间找回自己的专注力。

2. 调整姿势。

在工作、学习的过程中，我们可能会不知不觉地采取缩肩、塌腰、跷二郎腿之类的姿势，看上去很没有精神。心理学家提醒我们最好每隔一段时间关注一下自己的姿势，然后向上挺直腰背、舒展双肩，并尽可能地保持这种姿势。这样的做法也是很考验意志力的，经常训练，提升意志力的效果会非常明显。

3. 改变口头禅。

每个人都会有自己的口头禅，如有的人常说"这个""那个""是吧""对"等，这会让话语显得不够简练。所以我们不妨进行这样的练习，即说话前先在心里组织好语句，再用较慢的语速将这些语句表达出来，尽量避免出现口头禅。在练习的过程中，我们需要依靠意志力来克服脱口而出的口头禅，从而达到训练意志力的目的。

4. 从事体能训练。

体能训练容易执行，且能够被迅速量化，也可以作为训练意志力的途径之一。我们可以根据自己的身体情况，合理地制定一些体能训练任务，如每天做20个俯卧撑或仰卧起坐，或是慢跑半小时等。坚持进行下去，既能够强壮体魄，又能够强化意志力。

5. 制造"截止日期"。

很多意志力不佳、做事拖延的人往往要到任务的"截止日期"才会进入"状态"——能够控制自己的行为，使自己集中注意力，不再分心旁顾，工作或学习的效率也会提升。所以我们可以利用这一点，给自己设定"截止日期"，有助于提升意志力、减少拖延。

需要指出的是，在进行意志力的练习时，我们不能过于心急，应当按照由少到多、由小事到大事的训练顺序进行，才能取得最好的效果。

专注一心：保护好你的意志力

很多人在工作、学习时不够专注，经常在不同性质的任务之间来回切换，以为这样能够达到事半功倍的效果，但事实恰恰相反——越是一心多用，就越是会出现意志力不足、效率下降的问题。

心理学家和英国的几家大公司合作，随机挑选出1200多名员工，对他们的日常工作进行了观察和记录。

在这个过程中，心理学家发现，很多员工喜欢在同一时间里处理多项任务。比如，他们会在电脑上打开好几个窗口，其中有未撰写完的文档、需要回复的邮件、等待处理的数据等。他们会在多个窗口之间来回切换，有时还要抽空回复一下上司或同事发来的信息。以这样的方式工作半小时后，他们的脑力、精力会出现明显下降。

这个实验提醒了我们做事要学会专注一心，因为我们的大脑并不适合同时为多个任务运转，特别是在任务类型不同、难度各异的情况下，每切换一次任务，之前的思考就会被暂时中断……大脑必须一次又一次重新寻找头绪、形成思路，如此反反复复，我们就会觉得头脑混沌、身心疲惫，我们的认知能力会下降，出错的概率则会大幅提升。

与此同时，我们的意志力消耗速度也会明显加快，对情绪、行为的控制能力会变差，容易变得懒散，情绪也会很不稳定。在遇到困难时，更容易打"退堂鼓"，却不会积极地想办法转变现状。

为了保护自己的意志力，真正提升工作效率，减少失误出现的可能，我们应当注意做到这几点。

1. 将计划列成清单。

时间管理大师戴维·艾伦告诉我们，想要为烦琐的任务找到头绪，最好的办法就是列清单。也就是说，把计划里要完成的事情全部都写在清单中，然后排出顺序，规划好时间，提醒自己到时去完成。艾伦认为"写清单"就像是给自己的大脑释放"内存"，一旦事情被写下来，就会在大脑中暂时被清空，我们也不用过多地挂念它，而是可以专注于"当下"的这件事。

2. 一次只做一件事情。

在列好清单后，我们就应当按照清单的指示逐一去完成任务，每完成一件就可以从清单上将其划掉，但同一时间一定要确保自己只做一件事情。比如，写作的时候不要经常和他人互发消息。在开会的时候，不要一边听讲，一边用眼睛盯着手机。只有每次专注于一件事情，才能让大脑保持稳定和高速的运转，从而保护好自己的意志力，顺利地完成需要完成的任务。

3. 清单被打乱，也要保持专注。

在工作和学习中，我们随时都有可能遇到中途穿插进来的紧急任务，使得列好的清单被打乱。此时，我们一定不能慌乱，不要随意地停止手头未完成的工作，而是应当简单记录一下进程，如报表做到什么程度，下一步应当填写什么内容；课本学到了什么程度，下一步应该从哪里继续阅读等。

然后，我们可以修改清单，在未完成的任务后面做上记号，再把相关的文件、资料放在一个叫作"待处理"的文件夹中。等到穿插任务完成之后，可以先休息一下，让大脑有个缓冲的机会，再打开"待处理"文件夹，根据之前的记录，就可以很快定位到被中断的地方继续开始工作或学习了。

取消"心理许可"，从根本上切断"诱惑源"

你是否遇到过这样的情况：明明已经打定主意坚持做到某件事情，最终却还是无奈地放弃了？你很羡慕那些有超强意志力的人，但自己却始终无法成为那样的人。之所以会出现这样的情况，是因为你遇到了一种常见的意志力陷阱——"心理许可"。

33岁的秦悦有产后肥胖的问题，她对自己的体形很不满意，希望减去至少20斤体重。为此，她咨询了专家。专家发现她在日常饮食中偏爱甜食和油炸类食品，便以饮食调节为主，为她制定了科学的减肥方案。

根据这套方案，秦悦应当采取低糖、低热量、均衡营养的饮食，同时要杜绝巧克力、糕点、奶茶、油炸类零食。按照专家的嘱咐，秦悦坚持了几天，却发现体重没有明显的变化，不禁有些失望，减肥的信心也没有之前那么强烈了。

这天，几个朋友邀她一起逛街，她欣然前往。到了商场，一位朋友买了奶茶，还递给她一杯，她正打算拒绝，可转念一想：反正只是喝一杯奶茶，应该不会有什么问题。于是，她美滋滋地喝了起来……到了吃午饭的时候，几个朋友选择吃火锅，秦悦明知火锅属于高热量食物，却还是说服自己"偶尔吃一顿没关系"。

同样的事情在第二天、第三天继续发生着……几天后，秦悦发现自己的体

重不但没有减轻，反而又增加了几斤。看到这样的结果，她不禁感到十分无奈。

在面对美食的诱惑时，秦悦悄悄给自己发了"心理许可"——允许自己去做那件本应该被禁止的事情。她以为这只会是一次偶尔的行为，但"心理许可"只要出现了第一次，就会有第二次、第三次……与此同时，她的意志力却在一点点减弱，最后的结果往往是行动归于失败，而她也陷入了沮丧的情绪中。

在生活中，类似的情况并不少见。比如，有的人为自己定下了目标，想要考取专业资格证书，可在备考期间，却经常给自己发"心理许可"，一次次地玩游戏、看电影，或是出门玩耍，还说自己只是想要"放松一下"。再如，打算养成早睡习惯的人，却熬夜到了凌晨，还告诉自己："反正我已经连续几天早睡了，今天晚睡一会儿，也不会影响什么……"

这些似曾相识的情景背后都藏着"心理许可"的影子，而要摆脱"心理许可"，找回自己的意志力，我们至少应当做到以下三点。

1. 找出生活中的"诱惑源"。

心理学家麦格尼格尔指出，意志力失效的主要原因，是人们有意识地选择在诱惑面前屈服。因此，想要让意志力重新发挥作用，我们应当找出最容易让自己受到影响的"诱惑源"。为此，我们可以在一张纸上写出最让自己牵肠挂肚的东西，其中既可以包括具体的事物，如各种美食，也可以包括对自己有吸引力的活动，如玩手机游戏、刷短视频、和人闲聊、看八卦新闻等。我们可以将"诱惑源"按照对自己的吸引力强弱进行排序，并要特别注意排在前三位的"诱惑源"。

2. 尝试设置心理屏障。

如果我们总是容易在诱惑面前丧失理性，那就可以尝试设置心理"屏障"，使自己无法顺利接触到那些富有吸引力的事物或活动，也就不会有机会发放"心理许可"了。

比如，一位网络写手迷上了泡论坛，在本该专心写作的时间，他却情不自禁地登录账号，与网友交流互动，有时还会因为意见不同和网友争得不可开交，而这无疑会占用他相当多的时间和精力。

后来，他下定决心将自己和论坛隔绝开来——把论坛账号、密码发给了一位自己最信任的朋友，告诉他可以随意修改密码。没想到这个小举动发挥了"奇效"，当他发现自己怎么都登录不上论坛的时候，"心理许可"就再没有出现过，他也能专心致志地从事创作了。

我们也可以尝试这样的办法，让自己逐渐远离"诱惑源"。时间长了，我们的意志力就能够得到提升，"心理许可"出现的频率也会越来越低。

3.明确界限，拒绝放纵。

我们还可以用明确、清晰的"红线"来抵御诱惑。在生活中，很多人在这方面做得不够好，如想要戒除甜食，却经常对自己说"我只是稍微吃点甜食，不会有什么大的影响"。这里的"稍微"就是不明确的界限，实则是一种"心理许可"，会让大脑忽视自己的小错，变得越来越放纵。因此，我们需要重新设定界限。比如，我们可以明确告诉自己："在接下来的6个小时内，我不能再吃任何一点甜食。"有了这样的界限后，我们就会放弃侥幸心理，不会给自己发放"心理许可"的机会，有助于培养自己的意志力和自控力。

避免决策疲劳，减少意志力耗损

或许你并没有意识到，做决策也是一种消耗意志力的行为，而且越是难以抉择的事情，消耗的意志力就越是可观。这也是为什么我们在持续做决策后，总会觉得脑力不足、对情绪和行为的控制能力也会下降。心理学家将这种情况称为

"决策疲劳",并且将决策分为三个环节,即"决策前""决策中"和"决策后"。其中"决策中"是最消耗意志力,也最容易引起"决策疲劳"的环节。

小丁准备从网店购买一部手机。他是一个非常细心的人,对产品的要求也比较高,所以在做决定前找了好几家店铺,反复对比手机的配置、功能、外形、颜色、价位。

经过一番对比后,他将最感兴趣的几款手机加入了"购物车"中。可到底该选择哪一款,他却感到十分为难。他看看手机A,觉得设计很时尚,符合自己的审美偏好,但配置一般,使用时可能会出现卡顿问题。又看看手机B,觉得设计和功能都不错,可续航能力又不太理想,万一在使用过程中出现电量不足的问题就糟糕了。再看看手机C,虽然各方面都挺满意,可是价位太高,超出了期望价位整整500元……

小丁陷入了苦苦的思索中,总觉得选择哪款手机都不能让自己完全满意。一个小时过去了,他还没能做出决定,却已经觉得头昏沉沉的,心中也十分烦躁。"算了,随便选一款吧。"他对自己说道。

接着他不再权衡利弊,随意找了一款手机下单付款。这个过程倒没花多少时间,可他心里总觉得不舒服,认为自己花费了不少精力,最后选定的却不是完美的产品……

在这个案例中,小丁在挑选手机时就经历了决策的三个环节。

首先,决策前。小丁在购物之初还没有明确的意向,他通过对比各种参数、配置,形成了"决策偏好"。这个环节就是"决策前",它的作用是为"决策中"提供信息、做好准备。

其次,决策中。小丁在几款意向手机中进行决选的环节就是"决策中",它也是最重要、最困难的决策环节，会消耗大量的脑力和意志力。

最后，决策后。小丁的意志力被消耗殆尽，感觉疲惫不堪，不得不随意做出最后的抉择，这就是"决策后"环节。在"决策疲劳"的影响下，小丁没有再认真思考、比较，而这也会导致决策质量下降——得到的结果可能并不符合他的初衷，所以他会感到不太满意。

小丁遇到的问题在我们的实际工作和生活中并不少见，当我们不得不在短时间内做出大量决策的时候，就会出现意志力快速下滑的情况。所以为了保护好有限的意志力，我们应当做好以下两点。

1. 减少决策的数量。

决策数量越多，越容易引起"决策疲劳"。但是我们每天需要做出的决策其实并不都是必要的，如早上准备上班前，很多人会为穿什么款式的外套、搭配什么颜色的饰品再三思索……

宝贵的意志力往往会被这类决策消耗殆尽，等到我们开始工作、学习，或是做其他一些重要的事情时，却已经没有足够的意志力可以调用。因此，我们应当尽量减少这类决策，以便将意志力用在更为重要的决策上。

2. 提升决策的速度。

即便是为重要的事情做决策，我们也应当尽量提升速度，以减少意志力的耗损。为此，我们尤其需要做好"决策前"的工作。一方面，我们要收集尽可能多的信息，以减少决策困难。另一方面，我们可以预想最糟糕的场景，以便把最差的选项尽快排除掉。

在做重大决策时，心理学家还建议我们将所有选择列在清单上，标明各选项的优点和缺点，然后逐一划去缺点较多的选项。这样能够快速减少选项数量，可以帮助我们做出高质量、高速度的决策。

蔡氏效应：发挥"有始有终"的力量

在心理学上有一个蔡格尼克效应，说的是人们天然有一种"有始有终"的心理动机。如果哪件事情本该顺利地完成，却因为各种原因被中断，人们就会对这件事情念念不忘。我们不妨利用这个心理效应，强化自己的意志力，推动自己努力完成目标。

心理学家蔡格尼克曾经随机挑选了一批大学生，让他们做22件非常简单的工作，其中包括用给定的单词写一首自己喜欢的诗歌，将各种形状的小珠子串在一起，将一些形状各异的小零件按照一定的模式组装起来，等等。

学生们按照要求认认真真地操作了起来。过了一段时间，蔡格尼克来到其中一些学生面前，告诉他们实验已经提前结束，请他们放下手中的零件或珠子，立即离开现场。而其他的学生没有受到打扰，顺利地完成了任务。

过了几天，蔡格尼克对这些学生进行了回访，请他们回忆自己工作时的一些细节。结果未完成工作的学生比已完成工作的学生能回忆起更多细节。

对于这种有趣的现象，蔡格尼克给出了这样的解释：如果一件事情已经顺利完成，并且得到了比较满意的结果，潜意识会告诉我们"这件事已经结束了"，我们就不会再牵挂这件事，脑海中对此事的印象也会快速转淡。可要是在做事的过程中受到了干扰，导致事情没能顺利完成，没能得到预期的结果，潜意识就会不断提醒我们这件事，哪怕过去了一段时间，我们也还能够记起当时的细节。

在蔡格尼克之后，心理学家约翰·巴德利等人也进行过类似的实验。比如，巴德利曾经要求志愿者在规定的时间内解决一些字谜，有时志愿者没能解出答案，巴德利便会打断他们的思考，直接告知答案。结果志愿者反而会对这些没完成的字谜念念不忘，却记不住那些顺利完成的字谜。

这些实验充分证明人们具有与生俱来的"完成欲"，一旦开始做某件事，就会希望看到事情的结局。不过这种"完成欲"也会引发两种截然不同的结果。

一方面，意志力过强的人在做事时倾向于追求"一气呵成"，看不到结果就不肯罢休，这样会给自己带来很多压力，也会让意志力消耗的速度加快，时间长了反而会降低意志力的水平。

另一方面，意志力过弱的人会陷入消极拖延的状态。越是挂念未完成的事情就越是会逃避行动，此时他们的内心会充满无力、沮丧的感觉，自信心也会遭到打击。

由此可见，我们应当注意合理利用蔡格尼克效应。比如，我们可以把一件有难度的任务分解成若干小任务，每个小任务都能在较短的时间内完成。这样完成小任务的快感会成为一种动力，推动着我们去完成更多的小任务，直到最终完成全部任务。在这个过程中，我们对意志力的调用会一直保持在比较合理的范围内，不会出现过度消耗的问题。

另外，我们还应当掌握好做事的节奏，一方面不能让自己一直处于过度紧绷的状态，以免引发疲劳、烦躁情绪。另一方面，我们不能让自己处于过度松弛的状态，那样不但无法训练意志力，还会影响正常的任务进度，从而给自己带来很多麻烦。

因此，我们应当学会张弛有度、收放自如地做事，也就是要合理地调用意志力，让自己在工作、学习时能够保持积极、奋进的状态。到了该休息的时候也能够顺利地从任务中抽离出来，再通过合理的休息，让精力和意志力得到恢复。

意志力不足时，用他律推动自律

对于意志力不足的人来说，他律是一个推动自己的好办法。在自我约束、自我监督出现困难的时候，他人的监督和约束会在无形中给我们造成一定的心理压力，使我们能够主动放弃拖延、偷懒的借口，变得高效起来。

25岁的小邓在大专毕业后，进入了一家劳务公司工作。他每天过着朝九晚五的生活，周末又能连休两天，因为空闲时间较多，他不想浪费光阴，便萌生了考证的想法，打算提升一下自己的"层次"。

小邓做了一番准备，给自己定下目标、做好计划，接着便信心百倍地投入复习。最初，他要求自己每天早上5点钟起床复习，可是才坚持了三天，他就觉得疲惫、困顿不堪，甚至影响了白天的工作表现。

到了第四天早上，他明明听到了闹钟响，却不肯按时起床。他关闭了闹钟，自暴自弃地睡到8点才起来。虽然白天不再犯困，可他又有些后悔，觉得自己不应该这么"不争气"。于是在第五天，他又强迫自己早起……就这样一天天恶性循环下去，他的复习效果可想而知，并不是太好。

小邓十分苦恼，便把这件事告诉给了好朋友小陈。小陈想了想说："你把起床的时间定得太早了，不如改为6点早起。正好，我最近也想早起学英语，咱们互相监督，谁哪天要是没完成任务就请对方吃顿饭。"

小邓觉得这个想法不错，马上点头同意。第二天早上6点，小陈准时给小邓打电话，把他叫醒，然后各自去学习，8点的时候两人在微信上简单交流了一下学习情况。之后，在同样的时间，轮到小邓叫醒小陈……

说来奇怪，有了别人的监督后，他们再也没有出现过松懈的情况，不但能够准时起床，学习的积极性也特别高，还经常比拼用功的程度，进步十分明显……

小邓既有清晰的目标，也有完善的计划，却无法坚持执行，原因就是他缺乏足够的意志力，做不到自律。在这种情况下，如果强迫自己继续按计划做事，只会让本就薄弱的意志力受到更为严峻的挑战，很难达成目标。幸好，小邓主动寻找朋友的帮助，在他律的鞭策下提升了行动力，也减少了意志力的耗损，从而将预定计划坚持了下去。

这个案例也提醒了我们，在意志力不足时，可以积极寻求他律，设法让他人知晓我们想要达成的目标，再请他人担任"监督员"的角色，在约定好的时间节点提醒我们按计划行事，或是检查我们在这一阶段取得的成果。这会让我们知道有人正在关注自己的行为，从而激活我们的责任心、好胜心、羞耻心，使自己不会轻易松懈。

另外，我们还可以寻找一名意志力强大的对象，将他当成"榜样"或"对手"，以他的行事作风为参考，不时地衡量自己的做法与他相比有何差异。这也是一种他律的形式，能够督促自己改进行为，减少懒散、懈怠之类的毛病。

除此以外，我们也可以像案例中的小邓一样，与朋友组成他律小组，或是加入学习社群、运动社群等，让更多的人来监督自己，他律的效果就会更加明显。

在工作和学习中，我们可以采用上述方式，积极接受他律。时间长了，我们会习惯这样的节奏，也就能够自然地过渡到自我约束和自我管理的阶段，这就是心理学家所说的用他律来推动自律。

CHAPTER 08

第八章

认识心理障碍，积极寻求帮助

直面心理障碍，向心理问题宣战

说起心理障碍，人们或许会以为它离自己很遥远，其实每个人身上或多或少都会有一些心理障碍。比如，有些人常常会为了一些无关紧要的事情担忧、害怕不已，这就是典型的焦虑障碍。有些人必须把东西摆成整齐的一列，排列的形状也要求非常对称，否则就会感到很不舒服，这就是强迫症的明显表现。除此以外，常见的心理障碍还有神经衰弱、恐惧症、疑病症、抑郁症等，它们的存在对个体的心理状态、日常工作生活、人际交往都会造成不利的影响。

日常生活中，引发心理问题的原因可能有工作、学习中的挫折体验，也有人际交往中的冲突和矛盾等。有些人最初可能只是情绪波动、心境失调，但如果不良心境持续时间过长，就会引起兴趣减退、生活规律紊乱乃至行为异常。此时人们一定要引起足够的重视，并要及时进行自我疏导、咨询专业人士，避免问题愈演愈烈。

那么，我们作为普通人，应该如何处理心理障碍呢？

1. 正确认识心理障碍。

心理障碍给人们带来的痛苦并不亚于一些身体疾病，但人们常常对它持回避态度，要么坚决不承认自己有问题，要么会为心理障碍感到自卑，羞于向他人启齿，这样的态度都不利于心理状态的恢复。因此，我们一定要用正确的态度看待心理障碍，如果发现了问题，一定不能逃避，而是要积极地寻找诱发心理障碍的原因，再想办法解决问题。

2. 积极进行自我疏导。

有心理障碍的人一定要学会自我疏导。比如，当事人可以了解自己的认知模式，发现其中不成熟、不健康的部分，再进行自我矫正。再如，当事人可以寻找亲人、朋友倾诉自己的心事，以宣泄不良情绪、改善心境。此外，当事人还可以放缓工作、生活的步调，改变自己待人接物的方式，让自己保持乐观的心态，从而克服心理障碍。

3. 必要时寻求专业帮助。

如果心理障碍非常严重，我们应当寻求心理咨询师或专业医生的帮助。咨询师会通过对我们的深入了解找出心理矛盾，引导我们处理不合理的思维、情绪，提升社会适应能力。而我们要做的是向咨询师敞开心扉，接受心理咨询和调节，以便更好地处理心理障碍，并可借此实现"心灵再度成长"的目的。

缓解焦虑：找回内心的从容淡定

焦虑是很多现代人都会遇到的问题，在工作、学习、生活、人际关系的压力下，焦虑情绪常会不请自来，让人们难以保持平静的心态。当然，大多数人出现的只是普通的焦虑情绪，可要是对某些事情过度焦虑，持续时间长达数月或更久，而且出现了明显的身心症状，这就属于焦虑障碍的范畴了。

19岁的小唐是一名高三学生，平时学习非常刻苦，成绩一直比较理想。可就在高三的一次模拟考试中，小唐没有发挥好，成绩从全年级七十几名滑落到了一百多名。

小唐的父母对她的期望很高，平时要求也比较严格。听说她考试失利，父亲生气地批评了她，说她"肯定是不够努力"。小唐觉得非常委屈，但她不敢为自己辩解。从那以后，小唐对考试产生了畏惧心理。每次大考前，她的脑海中都会浮现出这样的想法："要是这次也考不好该怎么办？""要是高考时还是这种状态该怎么办？"与此同时，她开始出现紧张、恐慌、烦躁、食欲下降的情况，身体觉得很不舒服，上课也时常走神。晚上睡眠质量很差，白天看上去总是无精打采的。

老师发现她状态不佳，想问问她情况，可她却觉得老师也对自己不满意。还没等老师开口，她就"呜呜"地哭了起来……

在这个案例中，小唐因为考试失利、父母责备产生了焦虑情绪，而她没有及时进行自我调节，导致焦虑不断累积，引发了严重的身心问题，如果再不接受专业的治疗和调理，很可能引发严重的后果。

之所以会出现这种情况，与个体的性格特点、成长经历、生活经验有一定的关系。比如，有的人性格固执、过分追求完美，经常给自己订立过高的目标，使自己长时间处于"无法完成目标"的焦虑、担忧之中。再如，有的人遭受过失败、挫折，导致内心缺乏安全感、自信心，对事态发展缺乏掌控感，常常对不确定的未来产生焦虑和恐惧情绪，都可能引发焦虑障碍。

对于单纯的焦虑情绪，我们可以采用以下这些方法予以缓解。

1. 学会接纳焦虑的存在。

我们首先应当承认这样的事实：没有焦虑的人生是不存在的。当我们的各种需求无法得到满足，当我们的目标与现实存在距离的时候，焦虑便会自然而然地出现。此时，如果刻意压抑情绪，想要追求无焦虑的状态，反而会让自己觉得更加紧张、烦躁。事实上，适度的焦虑并不是坏事，它能够激励我们改变现状，成为我们前行的动力。所以在感到焦虑的时候，我们不妨换一种角度思考问题，让自己去寻找焦虑背后的原因，再将焦虑转化为具体的行动，一步一步改变现状，焦虑便会不知不觉地离我们远去。

2. 学会用自我询问摆脱假想。

我们还应当意识到，很多让自己感到烦恼、忧虑的想法其实只是一些假想，并不是事实。我们可以通过自我询问，从认知上进行自我调整。

比如，案例中的小唐就可以这样询问自己："如果这次考试又没考好会怎么样？父母可能会对我更加失望，会更加严厉地指责我。"

"可是，现在出现这样的情况了吗？并没有！一切不过是我的假想。"

"事实上，我已经充分复习了必考的内容，做好了足够的准备，只要我能够放松心情，从容应对考试，一定能够考出好成绩……"

通过不断的自我询问，我们就能够将假想的内容和眼前的事实区分开来，继而发现自己的焦虑其实是没有必要的，也就能够从负面情绪中慢慢挣脱出来了。

3. 学会转移自己的注意力。

当焦虑袭来时，我们一定不能过于慌乱，也不要将注意力集中在那些让自己担忧的事情上。心理学家建议，我们可以在此时做一些平时比较擅长或喜爱的事情，这样有助于转移注意力、缓解焦虑。而且从事这类事情更容易取得成效，我们的内心会产生快乐、满足、自信的感觉，并且增强对事物的掌控感，从而让自己不再为未发生的事情焦虑不安。

必须指出的是，如果焦虑情绪已经非常严重，自我调节效果很不理想，甚至出现了各种身体症状，我们应当及时就诊，向心理医生寻求帮助，并可通过系统、规范的药物治疗、心理治疗来求得改善。

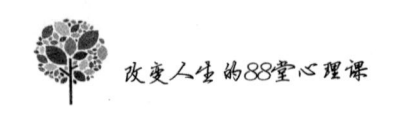

走出抑郁：重塑自己的内心力量

遇到挫折和情感伤害的时候，人们很容易产生抑郁情绪，它会让人感到悲伤、痛苦、失望，并会有一种被抛弃的感觉，做什么事情都提不起劲来。此时，有的人会认为自己患上了抑郁症，并为此忧心忡忡。其实，抑郁情绪和抑郁症并不是一回事。抑郁情绪持续时间较短，能够自行缓解，也不会对日常生活、工作和人际交往造成严重影响。

但抑郁症的情况却很不相同，它是一种以抑郁为主要症状的心理障碍。患上抑郁症后，人们会出现显著而持久的情绪低落，有时还会有悲观厌世的想法，严重时可能引起自杀行为。抑郁症患者还会有各种身体症状，如失眠、食欲下降、体重减轻、疲乏无力，等等。

35岁的刘女士最近3个月来情绪一直非常低落。之前她瞒着丈夫，将家里的全部积蓄拿去投资，没想到遭遇了严重亏损，本金损失了一大半。刘女士心中十分懊悔，又不敢向丈夫坦白这件事，时间长了，她的心理就出现了严重的问题。

她发现自己总是开心不起来，对生活提不起兴趣，不想看电视、读书或看报。以前她比较喜欢用手机刷朋友圈，给朋友点赞、评论，最近却觉得索然无味，有时连手机都不想碰。她也不喜欢和人交往，主动减少了与亲戚朋友的接触，整个人显得沉闷、懒散、缺乏精力，还常常莫名哭泣。

慢慢地，她觉得自己的身体也很不舒服，总觉得身体像被罩在厚厚的罩子里，有一种透不过气的感觉。她还出现了明显的食欲减退和失眠问题，晚上入睡越来越困难，后半夜还会突然惊醒，接着就会胡思乱想到天明。

这些不适症状让刘女士觉得十分痛苦，她常常会想："活着真没意思……"

在这个案例中，困扰刘女士的显然已经不是普通的抑郁情绪，而是抑郁症了。根据《精神障碍诊断与统计手册（第5版）》的诊断标准，在两周内，出现下列症状中的5条或5条以上，并且其中至少有一项是"心境抑郁"或"对活动失去兴趣或愉悦感"，即可确诊为重性抑郁障碍。

1. 几乎每天大部分时间心境抑郁，既可以是主观的报告，如感觉悲伤、空虚、无望，也可以是他人的观察，如流泪或其他表现。

2. 几乎每天或每天的大部分时间，对所有的或几乎所有的活动兴趣或乐趣都明显减少。

3. 在未节食的情况下，体重明显减轻或增加（如一个月内体重变化超过原体重的5%），或几乎每天食欲都减退或增加。

4. 几乎每天都有失眠或睡眠过多的情况。

5. 几乎每天都精神运动性激越或迟滞。

6. 几乎每天都感觉疲倦或精力不足。

7. 几乎每天都会感到自己毫无价值，或者有不恰当或过分的内疚感。

8. 几乎每天都存在思考或注意力集中的能力减退或犹豫不决。

9. 反复出现死亡的想法，反复出现没有特定计划的自杀观念，或有某种自杀企图，或有某种实施自杀的特定计划。

对比刘女士的情况，我们会发现她已经出现了"心境抑郁""对活动失去兴趣""食欲减退""失眠""疲倦、缺乏精力""有自杀意念"等症状，属于重性抑郁障碍。如果刘女士不及时接受治疗和自我调理，抑郁症将会严重影响她的社会功能，使她难以应对正常的工作、学习和生活，并有可能引发自杀的极端行为。

因此，像刘女士这样的抑郁症患者一定要对自己的情况加以重视，并要及时采取正确的应对措施。

1. 正确认识抑郁症。

由于对抑郁症缺乏足够的了解，很多患者往往会将自己的情况当成"失眠"或"心情不好"，导致错过了寻求专业帮助的最佳时机。因此，患者需要多了解心理学知识，能够觉察到抑郁症的信号，以便及时接受诊治。

另外，有的患者认为抑郁症是"不治之症"，并会因此产生羞耻感，倾向于向他人隐瞒病情，拒绝接受帮助和治疗，而这无疑会进一步加重抑郁情绪，导致病情恶化。

事实上，就算是重度抑郁障碍也是有痊愈可能的，患者应当树立起自信心，积极配合医生的治疗，同时结合自我心理调理，才能让自己逐渐走出抑郁的阴霾。

2. 积极进行自我调理。

（1）寻求他人的支持。患者应当注意锻炼人际交往技能，以便改善人际关系，获得朋友、亲人、爱人的关怀、支持和鼓励，有助于克服抑郁。比如，刘女士就可以将自己的心事向丈夫倾诉，与丈夫共同探讨问题的解决之道。在获得丈夫的谅解和安慰后，刘女士才能逐渐打开心结。

（2）改变过于负面的认知。患者应当学会调整自己的认知，不要总是从负面角度解释自己遇到的问题，也不要对未来抱以悲观的看法，而是要学会客观地分析和看待事物，做出符合逻辑的推断，从而摆脱扭曲的认知，避免抑郁情绪不断堆积。

（3）尝试用运动改善心境。经常从事中等偏上强度的运动，如跑步、登山、攀岩、打网球等，能够促进内啡肽的分泌，可起到缓解压力、增强愉悦感的作用，有助于改善低落的心境。不过，之前没有运动习惯的患者应注意循序渐进地增加运动量，不可急于求成。

除了定期运动，患者还应注意保持均衡、健康的饮食，以便为身体提供足够的营养，从而保持精力充沛、身心舒适。

战胜恐惧：建立自己想要的安全感

恐惧是一种很正常的情绪，它能够提醒我们提高警惕、防范危险，也因为恐惧的存在，我们才能够更好地保护自己。可有的时候，我们明知某些事物或环境并不危险，不存在能够伤害自己的因素，却也会产生强烈的恐惧情绪，并且引发严重的生理症状，这就是需要治疗的恐惧症了。

牛先生是一家企业的总经理，平时经常需要乘坐飞机，往返于国内外各大城市。本是"旅行达人"的他，却因为一次偶然事件对飞行产生了强烈的恐惧感。

那是在几年前，他乘坐的飞机在起飞后不久出现了起落架故障，不得不在空中盘旋了3个多小时，才在各单位的配合下安全落地。这次"有惊无险"的飞行经历，在牛先生心中留下了深深的阴影。此后每次出差前，他都会十分不安，饭吃不下、觉睡不好，好不容易睡着了，也常会做一些与空难有关的噩梦。因为他对空难过于关注，会有意无意地搜索这方面的新闻阅读，结果越看越觉得害怕。上飞机后，他会感到十分不适，总觉得胸闷、呼吸困难，恨不得立刻从机舱里逃出去。

随着时间的推移，他的问题越来越严重，在飞行时会有头晕目眩、恶心想吐的感觉，严重时更是会手脚发颤、全身大汗淋漓……也因为这种"怪病"，他不得不取消了几次去国外考察、参会的计划。对此他十分苦恼，却不知该如何解决。

牛先生遇到的"怪病"其实就是恐惧症的一种——飞行恐惧症。尽管统计数据显示，飞机的安全性高于地面驾驶，但像牛先生这样的人无法摆脱根深蒂固的恐惧感，特别是在他有过不顺利的飞行经历后，心理压力更是会大大增强。而且他还会主动寻找这方面的"佐证"——空难新闻，让自己的焦虑感、恐惧感不断攀升。

类似这种对特定物体或特定情境产生强烈恐惧的情况被称为"特定恐惧症"。如有的人不敢去密闭空间或高处，也不敢待在飞机机舱或电梯里，这些就属于特定情境恐惧症。也有人害怕蜘蛛、老鼠、蛇等动物，害怕看到血、尖锐的、密集的物体，这些属于特定物体恐惧症。

除此以外，生活中最常出现的恐惧症还有两大类。

一是社交恐惧症。有不少人对进入社交场合、与人发生接触会有过分的担心和害怕。他们总觉得别人正在审视自己，因而会表现得很不自然。他们不敢和人对视，也不敢当众发言，甚至会出现脸红、手抖、出汗、恶心、尿急之类的身体症状。为了避免尴尬，他们会主动回避社交。

二是场所恐惧症。有的人害怕进入某些特定的场所，如广场、停车场、桥梁这样的空旷场所，或者集市、剧场、商店这样的人流密集的场所。

形形色色的恐惧症的出现，与患者的个性特征有很大的关系。比如，患者性格非常敏感、依赖性强、缺乏安全感，认为自己随时可能遇到危险，就会对某些事物或情境产生恐惧感。也有一些患者是因为过去的一些不愉快的经历造成了心理阴影，才会引发恐惧症。比如，有的社交恐惧症患者是因为有过被他人嘲笑、欺负的经历，使他们认为与人交往是痛苦的、不安全的，因而越来越害怕社交活动。非常显然，恐惧症对患者的日常生活、工作、学习、社会交往都会造成严重的危害，所以在发现症状后，应当及早接受心理治疗。

停止强迫：打开你的"脑锁"

每天出门之后，你是不是总会担心自己没有锁好门窗，然后再回去检查几次？

平时摆放东西的时候，你会不会遵守一套特别的"程序"，哪怕有一件物品没有摆好，你也会觉得很不安，一定要重新再摆放一次？

如果这样的情况频繁出现，让你无法控制，而且已经开始影响正常的工作和生活，就应当引起你足够的重视了，因为这样的行为可能属于强迫症的范畴。

28岁的徐强在一家外资企业的重要岗位工作，平时工作任务重，时间要求紧，而他又是一个事事追求完美的人，不免觉得压力很大。

最近一段时间，他总是觉得双手不干净，必须用香皂连续洗上很多遍，才会觉得好受一些。后来这种情况越来越严重，他觉得用香皂也没办法洗去脏东西，就会用刷子用力刷手部的皮肤，直到将皮肤刷红、刷破为止。

这种不停洗手的行为让他非常痛苦，但他又控制不住。有一次，他代表公司与一位重要的客户会面，他对这次会面非常重视，提前做了不少准备工作，他认为自己一定能够说服客户签下合约。哪知和客户见面后，双方只是轻轻握了一下手，他就觉得浑身不自在，不得不找借口去卫生间洗手。

洗过之后，他还是觉得很不舒服，在谈话时坐立不安、语无伦次。客户终于失去了耐心，对他说："我看这次合作还是得再考虑考虑。"于是这场精心准备的会面以失败告终。

徐强回到公司后，被领导狠狠地斥责了一顿。徐强心中气恼、内疚不已，却不知道该如何补救……

根据《精神障碍诊断与统计手册（第5版）》，强迫症表现为强迫思维或强迫行为，也有可能像徐强这样两者皆有。

强迫思维指的是反复的、持续性的、侵入性的和不必要的想法、冲动或意向。比如，徐强总是不由自主地想"我的手不干净，我应当立刻洗手"，虽然他试图忽略或压抑这种强迫思维，效果却很不理想。

至于强迫行为则包括重复行为或重复的心理活动。比如，不断地洗手、对物品不断排序，或是不停地回想自己有没有锁好门窗，都属于强迫行为。

那么，强迫症出现的原因是什么呢？心理学家认为这与遗传因素、精神因素、个性因素都有一定的关系。

1. 遗传因素。

如果近亲患有强迫症，那么这些人的患病率就会高于一般人群。

2. 精神因素。

遭遇了重大挫折，如婚姻破裂、学习工作受挫、人际关系紧张，等等，使精神受到了严重的打击，也有可能引发强迫症。

3. 个性因素。

有的患者是典型的强迫人格，如徐强就属于这种情况，他平时过分注意细节、要求完美又缺乏灵活性，使得精神长期处于紧张、焦虑不安的状态，患上强迫症的概率很高。

强迫症严重威胁人们的身心健康，所以我们在发现症状时，应当积极寻求治疗。病情较轻的话可以借由心理分析疗法、认知行为疗法、森田疗法等缓解内心的矛盾冲突，从而增强适应环境的能力，减轻强迫思维和强迫行为出现的频率。比如，像徐强这样有强迫洗手行为的患者，治疗时可以采取思维阻断法——在强迫思维运转时用突然的大喝、闹铃声来阻断思维，或是用皮筋弹手来转移注意力。另外，暴露—反应预防也是一种常用的治疗手段，治疗师会让患者逐步接触自己的汗水、鞋底、公厕门把手等物品，然后坚持不洗手，使患者逐渐适应这些情境，从而使焦虑感和不适感慢慢减轻，有助于缓解强迫症状。

不过，要是患者的强迫症已经比较严重的话，还是需要咨询医生，采用心理治疗、药物治疗、物理治疗相结合的方式来改善症状。

与此同时，有强迫人格者平时应当注意做好自我的心理调适，提醒自己停止对细节的过度关注，不要强求事事尽善尽美。如果在工作、生活中出现了少许瑕疵、纰漏，要学会开解自己，使自己能够把不好的闪念驱逐出脑海，心理压力也会大大减轻。

终结"疑病"：停止无缘无故的过度猜疑

在生活中，有一些人身体健康或只是存在一些轻微的症状，却总是担心自己患有某种严重的躯体疾病，对健康状况存在明显的焦虑。即使去医院检查后发现一切正常，他们也无法摆脱恐惧、焦虑、担忧的负面情绪，严重时会影响正常的工作和生活。这种情况就是心理学家所说的"疑病障碍"，俗称"疑病症"。

老杨今年55岁，一直在园林部门工作，平时身体健康，也没有什么不良嗜好，自我感觉身体素质不错。年初他还报名参加了市里组织的长跑比赛，坚持跑完了全程，也没有出现什么不适感。

谁也没有想到，健康的老杨竟会被一次探病经历吓倒。那天，他去医院探视一位患肺癌的亲戚，看到亲戚躺在病床上，插着导管、痛苦不堪的样子，老杨的心被深深地触动了。

从那天起，老杨就出现了胸闷、喘不上气的症状，脑海里总是会出现在病房里看到的情景。"我该不是患上肺癌了吧,听说这种病是有家族史的。"老杨这样想着,胸口的不适症状似乎变得更重了,有时甚至出现了严重的窒息感,仿佛随时会有生命危险。

老杨的家人对此十分担心,陪着他去了当地的几家大医院,做了详细的检查,证实他并没有患上肺癌。可他的心情却没有明显好转,还是会担心、苦恼不已……

很显然,老杨就是一名疑病症患者。从心理学的角度来讲,"疑病"是心理问题躯体化的一种表现。正是因为老杨对自身健康状况的过分关注,疑心自己患上肺癌,才会在感知方面产生与"假想肺癌"相符的幻觉,而这种幻觉又会加深他的疑虑,使他深深地陷入恐慌的情绪之中,自我感觉十分痛苦。

心理学家认为,疑病症的产生和以下几种原因有关。

1. 不良心理暗示。

疑病症最初的产生与心理暗示有较大的关系。比如,有的人看到自己的亲人患上了某种严重的疾病,不论此种疾病是否具有家族遗传性或传染性,他们都会对自己进行消极的心理暗示,认为自己也会患上这种疾病,案例中的老杨就属于这类人。

他们会对自己身体的细小变化十分关注,哪怕出现了微乎其微的健康问题,也会引发情绪上的强烈波动,并会对自己进一步心理暗示:"糟糕,我已经出现症状了!"如此发展下去,他们会对自身"病情"深信不疑,最终发展为严重的疑病症。

2. 自身性格缺陷。

疑病症与个人的性格也有一定的关系,如性格敏感、多疑、谨小慎微的人更容易患上疑病症。心理学家还发现,有些以自我为中心、听不进他人意见的人,也容易成为疑病症患者。这类患者往往固执己见，在他们为不存在的疾病烦恼、痛苦的时候，亲人朋友的安慰、医生的规劝都不能消除他们的"疑病信念"，反而会让他们更加忧虑、苦恼。

3. 社会心理因素。

家庭关系发生剧变（如亲人离世、夫妻离婚、子女离别等），或是生活稳定性改变、社会交往突然减少（如搬家或更换工作，导致与原来的朋友、同事减少了联系），都会让人缺乏安全感，也会让人感觉孤独、寂寞、空虚，难免会将注意力集中在自己身上，并有可能放大一些无关紧要的健康问题，从而引发疑病症。

不管是什么因素诱发的疑病症，都会对我们的心理健康造成很多不良影响，严重时可能引发抑郁症等情绪障碍。因此，我们对疑病症不可掉以轻心，要及时采取措施，从情绪和心理入手进行自我调理。

1. 相信科学、调整认知。

疑病症患者应当树立科学的健康观念，在身体出现不适感的时候，不要自己随意在网上查找资料，进而"对号入座"认为自己患有某些疾病。事实上，是否患有疾病应通过一系列医学检查才能得出结论。所以担心自身健康的话，应当及时入院接受检查，并且信任医生给出的诊断结果。

2. 变消极暗示为积极暗示。

疑病症患者要停止对自己进行消极暗示，同时要学会对自己进行积极的语言暗示。比如，可以鼓励自己："医生的诊断证明我的身体没有任何问题，我应当让自己放松，不要过分关注那个部位，就不会有难受的感觉了。"这种积极的语言暗示能够提升其自信心，并可减少因害怕患病而产生的恐慌、忧虑情绪。

3. 投入社会活动，减少自我关注。

对于疑病症患者来说，减少对自我的过度关注也有助于缓解不良情绪和不适症状。为此，疑病症患者可以积极地参与社会活动，如参加一些社区组织的志愿

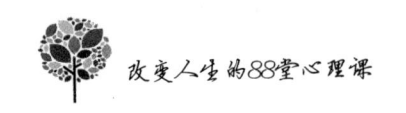

者活动,或是参加公益活动,在为社会、为他人做出贡献的同时,获得一种满足感和自豪感,并可让自己的注意力转移,有助于减少疑病症发作的频率。

克服童年心理创伤,倾听内心的声音

与身体的伤痛相比,心理创伤看似隐秘,却会对一个人造成严重的负面影响,特别是童年留下的心理创伤,其影响往往终生都难以消除。

精神分析大师弗洛伊德也曾提出过童年阴影理论。他指出由于自我保护机制的存在,人们会将大部分的童年创伤经历压抑到潜意识区域,以说服自己这些事件是不存在的。事实上,心理创伤并未痊愈,它仍会潜移默化地影响人的性格、行为、精神状态。而且在成长的过程中,一旦被某些人、事物或特定情境触动,这些创伤经历就会突然闯入脑海,会让人感到十分沮丧,并有可能引发心理问题。

刘玫的父母长期感情不和,经常吵架,每次吵完架,父母就相继离家,把幼小的刘玫一个人丢在屋里。在刘玫的记忆中,童年的关键词是"悲伤""寂寞""恐惧"。被父母抛下后,她十分害怕,却只能抱着一个布娃娃,躲在卧室里瑟瑟发抖。

因为父母都不怎么关心她,她不得不学着照顾自己,做饭、洗衣服、收拾屋子,都是她自己摸索着慢慢学会的。可即便她表现得懂事、乖巧,父母还是很少对她露出笑脸,反而经常把对对方的怒气发泄到她身上,让她过得如履薄冰。

长大后的刘玫,成了一个性格内向、有些自卑的人。她做着一份平凡的工作，没过几年就匆匆组建了家庭。幸运的是丈夫对她还算不错，这让她的心中感到非常温暖，童年的不愉快似乎也成了遥远的记忆。

可有一次，她和丈夫因为一些小事发生了争执，丈夫在盛怒之下摔门离开，她顿时觉得记忆的开关被打开了，自己仿佛又回到了童年最孤独、最悲苦的时候，不禁全身颤抖、泪流满面。因为情绪过于激动，她竟然晕倒在地……后来她被丈夫唤醒了，情绪却一直无法恢复平静。

从那以后，她的神经总是高度紧张，生怕会再次出现这种情况，而这已经影响到了她的正常生活，她开始出现食欲下降和失眠等问题……

童年痛苦的经历对刘玫造成了严重的心理创伤，虽然这些记忆受到了暂时的自我压制，隐藏在她的心底，但并不等于彻底不存在了。当她遇到特定的激发因素后，记忆被突然唤醒，使她陷入极度痛苦中，甚至出现了严重的生理和心理反应。这也说明她其实一直没有做好真正的心理调适，使得自己始终无法走出童年阴影。

这样的例子无疑是非常可悲的，也应当引起我们的重视。我们在童年期或多或少都受到过心理创伤，也会留下不好的回忆。比如，养育环境不稳定或是父母自身有性格问题，无法胜任父母职能，会让孩子有一种被忽视、被抛弃的体验，导致他们安全感匮乏，适应环境的能力较差，也不善于与他人交流来往。再如，父母采取严苛的教养方式，孩子经常遭到父母的呵斥或体罚，也会留下阴影，并可引发他们恐惧、愤怒、抑郁的情绪。还有家庭经济窘迫，使孩子无法享受同龄人拥有的物质生活，也会引发他们自卑、焦虑、羞耻的情绪。

对于童年心理创伤，我们应当在成年后进行积极的自我疗愈。在这方面，心理咨询专家、情绪健康教育专家约翰·布雷萧提出了三步自我疗愈方法，可供我们参考。

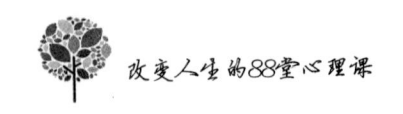

1. 第一步：理解和评测童年心理创伤。

想要治愈童年创伤，首要的工作是正视并接受创伤的存在，并进行自我诊断。为此，我们可以回溯童年过往，同时认真地问自己："当我在讨论童年心理创伤的时候，我实际上想说的是什么？我身上有哪些问题确实与童年创伤有关？"

这些问题的答案可以让我们看清自己身上存在的缺陷，并且不会把所有的不足之处都归因为童年创伤。另外，经常进行自问自答，也能让我们不再逃避痛苦的过去，转而接受创伤的存在，之后才能想到办法为自己"疗伤"。

2. 第二步：清理童年心理创伤。

在完成了自我诊断的工作后，我们可以着手清理童年创伤。在这一环节，我们要和不同阶段的"内在小孩"对话：要按照婴儿期、幼儿期、学前期、学龄期、青春期的顺序，一点点梳理童年的痛苦经历，并可以尝试安抚"内在小孩"，告诉他一切都不是他的错，他也不必压抑愤怒和怨恨，而是可以适当地表达出来。

3. 第三步：持续进行自我疗愈。

我们还应当学会欣赏和感谢"内在小孩"，因为他经受了这么多痛苦，依然能够保持顽强、执着的心态，能够努力地生活、工作和学习，这本身就是一件值得自豪的事情。

我们还可以将成年的自我作为新的能量源泉，去慰藉过去那个没有获得过满足的自己，从而促使受伤的"内在小孩"走向重生。

当然，自我疗愈不是一蹴而就的事情，需要我们付出大量的时间循序渐进地调整。坚持这样做，我们的心态会变得更加成熟、完善，从而自信地面对人生中出现的各种问题。

超越自卑，找回久违的自信心

在和他人比较的时候，你会因为某些方面不如他人而产生自卑感吗？在心理学家阿德勒看来，自卑是人类正常的普遍现象，人从幼年期，因为自身无力、无助，必须依附成人生活就会产生一定的自卑感。但自卑并不一定都是坏事，适度的自卑能够激发人的进取心，促使人走向自我完善、自我提升的道路。可要是自卑过度，则会让人变得悲观失望、不思进取，并会引发人际关系的障碍，还会妨碍工作、学习、生活的正常进行。

36岁的贾青有一份不错的工作，家庭关系也非常和谐，可她的内心深处却一直有着深深的自卑感。

从小，她就因为相貌不出众，又不太会说话，不敢主动与人交往。她总觉得自己是一只不起眼的丑小鸭，没有什么可取之处，而很多同龄的女孩在任何方面都比自己强。随着她逐渐长大，这种情况不但没有好转，反而变得更加严重了。她越来越内向、沉默寡言，不敢主动和别人交流，总觉得自己在别人眼中的形象是非常糟糕的。她更不敢当众发言，生怕会因为表现不佳而被大家嘲笑。

因为这些问题，她的内心总是充满了苦闷、焦虑，觉得自己什么都做不好，有时还会认为自己的人生一片灰暗……

贾青就是一个深陷自卑感的人，她会过低评价自己的形象、能力和品质，还总是拿自己的短处和别人的长处比，因而会觉得自己事事不如人，在人前也会有

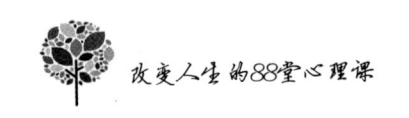

自惭形秽的感觉。从这个案例也可以看出，自卑感的产生与个体对自己的认识不足有很大的关系。

另外，家庭教养方式、个人成长经历、性格特点等因素也会引发不同程度的自卑感。比如，在成长过程中，个体曾经遭受过比较严重的挫折，导致自信心减弱甚至被完全抹杀，自卑感就会变得异常强烈。再如，性格内向的人在遇到不愉快的事情时，容易放大其消极后果，又不善于调节情绪，也很容易陷入深深的自卑感。

那么，自卑感强烈的人应当如何进行自我调整呢？

1. 正确评价自我。

容易自卑的人要善于发掘自己的优势、特长和潜力，找到自己的人生价值，而不要总是从各个方面进行自我贬低。另外，自卑的人还可以走出自己封闭的小世界，多听取别人对自己的真实评价，避免主观理解带来认知上的误差。

2. 学会自我满足。

自卑的人要学会调整自己的期望水平，不要总是给自己制定过高的目标，一旦目标无法达成，就会意志消沉，从而更加自卑、绝望。为了找回满足感和自豪感，自卑的人应当客观评价自己在工作、学习、生活中的表现，如果发现自己通过努力达成了某些任务，哪怕这个任务再微不足道，也一定要在心中对自己说："我成功了！"这会让自己感到非常愉悦，也有利于提振自信心。

3. 坦然面对挫折。

在遇到挫折时，容易自卑的人应当客观分析外部环境与自身条件，要认识到那些对自己造成影响的客观因素，才不会把失败全部归因于自己。经过这样的调整后，他们就不会过度轻视自己，而是可以逐渐找到心理平衡，并可以鼓起勇气去寻找人生中新的机会。

除了上述几点，自卑的人还应当主动增进社会交往，多与他人进行情感交流，以获取社会支持,有助于缓解自卑。但若是自卑感已经非常严重,也不应回避问题,而是可以主动向心理专家求助,再通过专业的方法改善认知、摆脱自卑。

重塑自我意象,减少自我否定

在超越自卑的同时,我们还可以通过重塑自我意象减少自我否定,提升自信。自我意象被誉为"20世纪重要的心理学发现之一",它是我们在内心深处描绘的精神蓝图,是在自我意识的基础上形成的。

我们在过去有什么样的成长经历,遇到过什么样的成功和失败,产生过什么样的感受,以及他人对我们持什么样的态度,都会对自我意象有所影响,而我们的行为、态度、心理则会不知不觉地与这种自我意象相符。

23岁的林溪是一个容貌清秀的女孩,可她对自己的形象一直很不满意,并因此感到非常自卑,不愿意主动与人交往。

林溪最早出现这种问题,还是在上初中时。那时正处于青春期的她脸上长了不少小痘痘,并因此被一些调皮的男生嘲笑。从那以后她不喜欢照镜子,总觉得自己"长相丑陋、不讨人喜欢",即便后来脸上的痘痘慢慢消失,她的情况也没有出现好转。

上高中时,她对父母说想去整容,遭到了父母的强烈反对。这更是让她痛苦万分,觉得自己这辈子没有希望了,心中充满了痛苦、沮丧的情绪,有时还会在家里乱发脾气。

因为心理问题越来越严重,父母不得不为她办理了休学,还带她接受了治疗,但效果并不理想。现在的林溪整天窝在家里,不愿出门,平时一听到与长

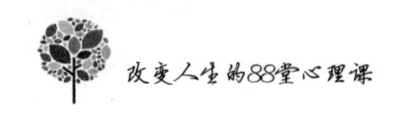

相有关的话题，就会感到强烈恐惧，甚至还会大哭大闹、歇斯底里。

在这个案例中，林溪的形象显然没有她自我认为的那么丑陋，但因为自我意象出现偏差，她对形象的认知已经固化，并且影响到了情绪、行为、心境，出现了严重的心理障碍。从情绪来看，自我意象不良引发她出现了沮丧、焦虑、痛苦、愤怒等负面情绪，还让她出现了情绪失控的问题。从行为来看，她因为害怕他人对自己有不好的评价，通过回避交往来缓解内心的冲突。从心理状态来看，她对自己有很多负面评价，让自己陷入了自我否定、自卑、压抑的心理。与此同时，她对他人的态度也有不良预期，觉得他人对自己就是不喜欢、不接纳和充满排斥的，这属于一种消极的"心理投射"。

在生活中，像林溪这样有不良心理意象的人并不少见。比如，有的人认为自己社会地位不高，不具备一定的经济实力，便把自我心理意象描绘为"弱者""失败者"，不光内心充满了沮丧的情绪，还会非常敏感，容易把他人无关紧要的行为理解为"看不起自己""欺负自己"，并会因此出现过激反应，如表现得非常激动、易怒、攻击性强，等等。

对于这类人来说，想要摆脱心理障碍，就必须重塑自我意象，减少自我否定。虽然自我意象是后天逐渐形成的，具有一定的稳定性，但它并不是不能改变的。我们应当树立坚定的信心，有"打破旧我、塑造新我"的决心，继而要对自己进行积极的自我暗示，才有可能影响意识和潜意识层面，让自我意象发生转变。

心理学家普拉斯科特·雷奇进行过这样的实验，他对认为自己不擅长某一科目的学生进行了引导，使他们改变"我学不好这门课"的消极自我意象，代之以"只要我努力就能学好"的积极意象，结果发现了可喜的变化：原本拉丁语考试四次不及格的学生考到了84分，原本认为自己"文字能力有欠缺"的学生获得了校园文学奖。

这些学生之前是真的不具备学习能力吗？显然不是，他们只是产生了不良的自我意象，还没有付出努力就预先判断自己会失败，而当自我意象改变后，他们发挥了主观能动性，让自己走向成功。

我们在进行自我疏导时也可以借鉴这样的做法——坚信自己能够摆脱心理障碍，能够和他人保持良好的交往，做一个心理健康的人，直到坚定的想法深入意识、唤醒潜意识，便能从根本上扭转自我意象。

习得乐观，让自己变得积极起来

乐观的人能够以平静的心态面对人生的起起伏伏，不会因为暂时陷入低谷就感到焦虑、沮丧、绝望。乐观的人能够以积极进取的态度面对生活，凡事都往好处想，不会让忧愁和烦恼占据自己的心房。乐观的人不会在意他人的眼光，他们坦坦荡荡，很难被自卑、抑郁等心理障碍折磨。正因为这样，我们应当努力锻炼乐观的心态，让自己能够顺利跨越心理障碍，变得积极、阳光起来。

正如无助感可以被"习得"一样，乐观其实也是可以逐渐"习得"的。心理学家马丁·塞利格曼就提出了 ABCDE 乐观训练法，教我们逐渐养成乐观心态。

ABCDE 其实是 5 个英语单词的首字母。Adversity（困境、逆境），通常指工作、学习、生活、人际关系中发生的各种不好的事情。Belief（信念、看法），指的是我们对这些不好的事情所持有的看法。Consequence（结果、后果），指的是这种看法造成的种种后果。Disputation（争论、辩论），指的是我们和自己的辩论，认识看法的偏颇之处。Energization（激发、激励），指的是摆脱错误看法后，激励自己采取更加积极的行动。

下面，我们从一个具体的例子来了解一下 ABCDE 乐观训练法的实际应用过程。

因外部经济环境恶化，一家外贸公司不得不缩减业务，并且辞退了三分之一的员工。张沁本是一个十分努力的职员，却还是被列入了辞退名单中。得知消息后，她觉得十分沮丧，开始怀疑自己的能力，也没有勇气去找新工作。离职以后，她整天把自己关在家里，心情越来越抑郁、绝望。

那么，张沁应当如何用 ABCDE 乐观训练法进行自我疏导呢？

1. 认识目前的困境。

张沁虽然认真工作，却还是惨遭辞退，这就是她目前遇到的困境。对此，她应当有清晰的认知，不能一味逃避，而是要有直面困境的勇气。

2. 分析自己的想法。

张沁被辞退后，认为是自己的能力不够，所以才被辞退，同时认为自己没有找到新工作的可能。

其实在遭遇困境时，人们有时会自然而然地产生一些消极的想法，如认为自己"太倒霉，做什么事情都不会成功"，或是认为"努力没有意义，改变不了不如意的现状"，等等。这些想法都属于错误的"归因"，需要我们及时进行纠正，否则会影响我们之后的情绪和行为。

3. 记录想法引起的后果。

张沁在消极想法的影响下，整天把自己关在家里，心情越来越抑郁、绝望。

同样地，我们也会因为消极想法变得迷茫、消沉，对未来丧失信心。我们还会被各种负面情绪笼罩，并且感到心理压力剧增，而这将影响我们的身心健康，引起失眠、食欲不振、乏力等多种问题，并造成严重的心理障碍。这些都是消极想法引发的"后果",我们不妨从旁观者的角度观察自己,将这些"后果"记录下来,让自己意识到问题的严重性,才能逐渐清醒过来。

4. 与消极想法展开辩论。

我们应当果断驳斥自己脑海中那些负面、消极的想法,代之以积极、乐观的想法。比如,张沁就可以自我驳斥道:"谁说努力是没有意义的?通过努力我已经积累了丰富的经验,还拥有了一些人脉,我完全可以利用这些有利条件找一份更加适合自己的工作。"

5. 激发积极的行为。

仅仅只是反驳还是不够的,我们还需要付诸行动,才能让自己彻底走出心理障碍。比如,张沁就可以着手安排新的求职计划,并要鼓励自己立即行动,而不是坐在屋里怨天尤人、空耗时间。

我们可以经常进行这样的"乐观训练",时间长了,便会形成一种"乐观的习惯"。它能让我们换一种态度去看待同样的事情,能够帮我们赶走消极想法,代之以积极的解释风格,继而便可找到一些改变现状的好办法。

自我同情,体验自我关怀和友善的感觉

我们常常会进行严苛的自我批评,在工作进展不顺利的时候,在人际关系受挫的时候,责备、埋怨自己会是有些人自然而然的反应。然而,对自己过度苛责容易引发内疚、懊悔、抑郁、痛苦等负面情绪,严重时可造成心理障碍。

为了避免出现这样的问题,我们需要学习心理学家克里斯汀·涅夫提出的自我同情。这是一门时刻对自己表达温暖和理解的艺术,可以帮助我们摆脱心理障碍、重构幸福人生。

心理学家用 8 个月的时间，对随机挑选的 3000 多名实验对象进行了调查，每名对象至少接受 12 次评估。

调查结果证明，自我同情能够带来稳定的自我价值感，也能够减弱实验对象在工作和生活中感受到的心理压力，使他们能够保持较好的身心状态，有助于预防或减弱心理障碍。

在另一项研究中，心理学家要求实验对象尽力回忆过去发生的一件让他们感到最痛苦的事情。有的实验对象会想起自己在工作中遇到的重大挫折，有的想起了亲人离世的悲伤经历，还有的想起了自己在感情上的痛苦遭遇……

接下来，心理学家将这些实验对象分为两组，一组以自我同情的方式思考这个事件，而另一组则以自我保护或强化自尊的方式来思考事件。最后，自我同情小组的负面情绪明显减少，心理压力有所减轻，而且他们能够客观地看待该事件，不再进行消极的自我逃避……

这个实验向我们证实了自我同情的强大力量。我们可以应用这种办法给予自己同情、理解和鼓励，以便为自己的心灵"减负"。为此，我们可以从以下几点做起。

1. 给予自己及时的安慰。

遇到不顺心的事情后，我们不能急着责备自己，否则会让心理压力不断加大，容易引发或加重心理障碍。因此，在事情发生后，我们应当用友善的态度安慰自己。比如，我们可以这样对自己说："谁也不想发生这样的事情，这不能完全怪我。我不应该一味难过，而是要想想看该怎么渡过难关。"这样的自我安慰能够减轻很多心理压力，让自己感觉轻松一些。

2. 为自己寻找内心平衡。

世界上没有人会永远一帆风顺，每个人在人生的道路上都会遇到各种艰难险阻。那些让我们感到烦恼、痛苦的问题在很多人身上也同样存在。我们可以从这一点出发给自己寻找心理平衡，让自己意识到这样的事情是普遍存在的，所以并不是自己"特别倒霉"。之后，我们可以向那些有类似经历的人学习，尝试走出困境，而不是困在原地自怨自艾。

3. 用书信表达同情之意。

心理学家还推荐了一种"写信给自己"的减压办法。我们可以以一个想象中的朋友的口吻来写这封信，让这位朋友给予自己充分的同情和理解，同时指出我们身上存在的弱点和不足，再给予一些良好的建议，促使我们重新燃起信心面对未来。写完这封信后，我们可以先将它暂时搁置到一旁，过几天后重新阅读它，就能完全领会到文字中的同情之意，也能让自己得到较好的自我安抚。

自我对话，成为自己的心理治疗师

你曾经有过自言自语的体验吗？很多人会认为对自己说话是一种无聊的做法，可在心理学家看来，这是一种简单、易行的自我疏导方式，能够帮我们调整认知、改善情绪、抚平心理障碍。心理学家管这种方式叫作"自我对话"。

李淼学习成绩优秀，但因性格比较内向，很少在课堂上主动举手回答问题。有一次，老师特意点名让他作答，他因为过于紧张，出现了严重口误，惹得全班哄堂大笑。

这次经历给他留下了深深的阴影，只要一想到这件事，他就会面红耳赤、焦虑、愧疚不已。上课的时候，他总是担心老师又会对自己提问，因而觉得紧张不安，根本无心听讲，成绩开始出现明显下滑。

李淼非常着急,他知道自己不应该再这样下去,于是他尝试着自我调整。他在独处的时候进行自我对话:"口误只是个小问题,同学们可能早就忘记这件事了,我也不应该再深陷其中。""老师提问是想检查我对知识的掌握情况,答错也不是坏事,正好可以让我找到薄弱点,我应当放松面对,不要再害怕回答问题。"

经过一段时间的自我对话后,李淼的焦虑得到了一定的缓解,上课时的表现也正常多了。

这个案例告诉我们,自我对话可以成为一种强有力的自我调节工具,它能够帮我们进行认知调整与重构,有助于排解负面情绪,解决心理障碍。在具体实践的时候,我们可以按照以下步骤进行自我对话。

1. 选择适合的时间和空间。

自我对话最好在独处时进行,此时身边没有他人干扰,我们也不用在乎他人的眼光,可以尽情地说出藏在心底的话,自我对话的效果会更加理想。因此,我们可以找一个适合的时间,让自己一个人待在卧室或其他比较私密的空间里,再开始进行自我对话。有条件的话,我们还可以在房门上挂上一块"请勿打扰"的牌子,以免家人在无意之中打断了我们的自我对话。

2. 放下顾虑,做最真实的自己。

我们每天都在社会生活中扮演着不同的角色,有时难免会给自己戴上"面具",却将那个真实的自己深埋在心底。所以,在自我对话时,我们一定要忘记自己扮演的各种角色,放下过多的顾虑,才能说出内心真实的想法,之后会有一种十分畅快的感觉。

3. 尝试不同人称的自我对话。

心理学家建议我们跳出"我"的角度,用"你"或"他"这样的人称来进行自我对话，这样可以帮助我们拉开一些与负面情绪的心理距离，同时让我们从客观角度看待同样的问题，因而起到有效的自我疏导作用。

比如，我们可以这样对自己说："你最近工作表现不理想，心中很沮丧，不过别担心，赶紧去找找效率低下的原因，相信明天的状态肯定会很不错。"

像这样的自我对话，能够减少自我否定，增强自信心，也能让自己学会以积极的眼光看待世界，而不会总是陷入悲观和消极之中。

CHAPTER 09

第九章

守住界限,在关系中保持自我

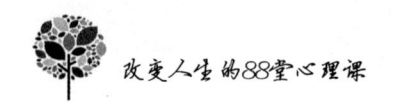

树立界限意识，保护好自己的"心理领土"

著名心理学家阿德勒曾经说："人的一切烦恼都源于人际关系。"这句话或许有些绝对化，却揭示了这样的事实：我们生活在社会中，无法脱离人群独自生存，在与人交往和相互作用的时候，难免会产生各种各样的烦恼，而这些烦恼绝大部分是因为界限意识缺乏造成的。

所谓界限意识，指的是个体在与他人相处时，能够清楚地知道自己和他人的责任、权利范围，可以保护自己的个人界限不受他人侵犯，同时也知道该与他人保持怎样的距离，才能让每个人都感觉轻松、惬意。但是在实际生活中，很多时候却很难把握好界限，要么过度卷入他人的事情中，要么让自己的意志被人左右，如此形成的人际关系都是不健康的。

28岁的文雨是某单位的文员，在刚入职时，领导委派了一位50多岁的女同事老黄做她的"领路人"，带她熟悉工作环境、了解工作流程，使她很快进入了工作状态。

对于老黄的帮助，文雨感激在心，曾精心挑选了一些礼物送给老黄。老黄收下礼物后，笑眯眯地说："其实我也有事要找你帮忙，你可别嫌我烦啊。"

文雨以为老黄是在开玩笑，谁知从那天起，老黄时常会来找文雨，说自己年纪大了，电脑、手机用得不熟练，想让文雨帮忙解决问题。最初，文雨还能耐心帮忙，可老黄来打扰她的次数实在太多，有时甚至连孙子写的作业都带到了办公室，请文雨帮着看看。

文雨不胜其烦，本要拒绝，但一想起老黄之前对自己的照顾，就不由得心软了。此外，她考虑到大家都是一个办公室里的同事，低头不见抬头见，断然拒绝老黄，可能会影响彼此之间的关系，所以她只能忍着烦躁，继续做着这些与工作无关的事情……

看到这个案例后，我们可能会认为缺乏界限意识的只有老黄一人；其实不然，文雨对老黄行为的默许也是界限意识不清的表现。当老黄不停地用私事打扰自己，使自己无法安心工作的时候，文雨总是顾虑太多，不敢表示出任何的不满情绪。这说明她对界限没有清楚的认知，总是习惯性地考虑他人的感受和对自己的看法，结果让自己在糟糕的人际关系中越陷越深。从社交心理学的角度来看，文雨在人际关系中扮演着顺从者的角色，对于他人不合理的要求不敢说"不"，而这只会让自己越来越委屈、痛苦。

由此可见，想要拥有健康的人际关系，就要改变这种一味妥协、顺从的做法，并要从以下几个维度树立明确的界限意识。

1. 亲缘关系中的界限意识。

亲人、爱人因为彼此关系亲密，很容易忽略界限问题，彼此之间不分你我、没有隐私。时间长了，这会让人产生一种窒息感，而且因为隐私过度暴露，还会产生一种不安全感。所以即使在亲缘关系中，我们也应当保留独立的物理和心理空间，为自己营造一片心灵的栖息地。

2. 工作关系中的界限意识。

在工作关系中，我们应当掌握好各自的职责界限，平时应自觉地做好分内的工作，不要随意跨界干涉他人的事。如果他人需要我们的帮助，我们应根据自己的能力和实际条件选择"答应"或"拒绝",而不能因为害怕得罪人就违心地接受对方的请求。

3. 朋友关系中的界限意识。

我们应当与朋友相互信任、相互依靠,但同时也要尊重朋友的选择,不能强迫对方按照自己的意愿行事。另外,我们不能让自己的生活与朋友的生活过分交缠在一起,不能有独占朋友的欲望,才不会让友谊越界。

总之,界限意识就像是人际关系中的一道道城墙,能够保护我们的心理领土。我们需要不断加固界限意识,才能与他人建立可持续的、健康的关系。

设立界限,找到人与人之间"最舒服的距离"

界限的存在对我们每一个人都有着特殊的意义,它可以维护我们的立场,保护我们应当享受的权益,还可以帮我们找到人与人之间"最舒服的距离",所以我们应当积极地设立界限。

但是在现实生活中,我们常会发现设立界限并不容易。这主要是因为我们有以下这几种错误的观念。

1. 认为设立界限是自私的行为。

其实有界限不但不是自私的表现,还是懂得自爱的开始,正是因为我们懂得了自我的重要性,开始爱护自己、尊重自己、想要对自己负责,才会需要界限来满足自己的心理需求。而自私是"为了维护自身利益,不惜损害他人利益",这与界限的本意是完全不同的。

2. 认为设立界限就是传达敌意。

有这种想法的人往往会将他人的感受、需求置于自己的感受之上,结果却在无形中伤害了自己。这类人最需要设立界限，这并不是为了在人际关系中惩罚对方，而是想要更好地保护自我。

3. 认为设定界限会破坏人际关系。

清晰、合理的界限并不会对人际关系造成不良影响，相反，界限缠绕不清才会造成很多矛盾和痛苦。比如，父母意识不到孩子的界限，对孩子过分控制、过分干涉。爱人意识不到对方的界限，不停打探对方的隐私或是没完没了地"查岗"。朋友之间没有"界限感"，常常用自己的事情没完没了地麻烦对方……

因此，想要建立和维护健康的人际关系，我们需要转变观念，从设立界限开始，保护好自己的权益和私人空间。这样我们的内心会更加平和、情绪会更加稳定，与他人的关系也会日趋和谐。

在设立界限时，我们不妨按照以下几个步骤去处理，从而解决好生活、工作中遇到的各种界限难题。

1. 倾听自己内心的感受。

在他人向我们提出某种要求的时候，我们可以先问一问自己"我是否应当答应他"，然后耐心地倾听内心的答案。心理学家塔拉·布拉克把这种"倾听自我"的时间称为"神圣的停顿"，也就是说，我们不必急于给对方答复，而是要先停顿一下，把握好自己的感受，这样才能做出合理的选择，而不会让他人轻易地践踏我们的界限。

2. 判断自己行为的影响。

以界限为基准，我们可以大致判断一下自己的行为会产生什么样的后果。比如，毫不留情地拒绝对方，可能会让对方有受伤的感觉，也可能会影响彼此之间的关系。但要是用委婉的话语表达同样的意思，就不会伤害对方的自尊心，还有可能让对方知难而退。

进行了这样的判断工作后，我们可以更好地体会对方的感受，也可以选择一

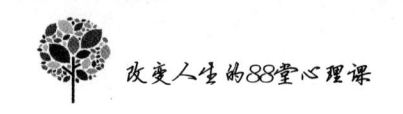

些更容易被对方接受的方式来表达自己的界限。

3. 兼顾界限的原则性和灵活性。

我们不能让自己和他人的界限模糊不清,但也不能过于"泾渭分明",让自己变成自我封闭、不与他人发生接触的人。所以在设定界限时,我们要注意在"保持原则"和"适当灵活"之间找到中间点,这样我们既不用对他人无条件妥协,也不会影响自己正常的人际关系。

需要指出的是,我们在设立界限的时候,态度不能过于激进,不能以一种准备战斗的姿态,毫不客气地通知亲人、朋友、同事:"以前你没有尊重我的界限,从现在起,这种情况必须改变!"

很显然,这种做法只会让对方感到惊讶、反感,也会对人际关系造成不利影响。所以我们应当采取比较和缓的措施,从小事开始逐渐设立界限,让对方能够慢慢习惯以新的方式与我们相处,人际关系也会变得更加舒适和谐。

自我分化,在各种亲密关系中做好自己

一个人能不能守住自己的界限,在亲密关系中做好自己,在很大程度上取决于他能不能顺利地完成自我分化。心理学家莫瑞·鲍恩提出了"自我分化"的概念,它包括两个层面的分化:一方面,个体能够将理智与情感区分开来,在做决定时不容易被冲动的情绪所裹挟。另一方面,个体能够与人建立较好的情感连接,在享受亲密感的同时不会失去自我。

只有做好这两个层面的"分化",个体才会变得更加自信,也才能够拥有更加健康的、富有弹性的亲密关系。相反,若是没有办法很好地进行自我分化,就会让自己的人生陷入一片混乱。

第九章　守住界限，在关系中保持自我

邓武幼年丧父，他和姐姐由母亲抚养长大。母亲将自己生活的全部重心都放在了两个孩子身上，对孩子严格管教，甚至不许他们外出交友。

邓武的姐姐性格内向、懦弱，对于母亲的管束不敢有丝毫反抗。长大后，姐姐一直单身，到 40 岁时还和母亲生活在一起。

邓武却从青春期起变得十分叛逆，事事要和母亲对着干。高中没念完，他就离开了家，一心要摆脱母亲的管制。

10 年后，邓武成了一名货车司机，有了自己的家庭，虽然很少与母亲和姐姐联系，但他却发现生活并没有自己想象中那么开心和自在。他听不得别人的批评，也不喜欢受到干涉，并且对此过于敏感。比如，妻子希望他能够多陪陪自己，他就会非常生气，认为妻子是在干涉自己的个人自由，并会因此与妻子发生争执。

有了孩子后，争吵更是成了家常便饭，妻子希望他帮忙照顾孩子，他却觉得妻子和母亲一样，都想控制自己的人生……他的态度让妻子极度失望，终于向他提出了离婚。

案例中的邓武姐弟都出现了自我分化方面的问题，姐姐完全失去了个人界限，与母亲过度纠缠，每时每刻都要受到母亲的影响。邓武虽然从物理距离上远离了母亲，心理上却未能彻底分化，无法理性地分辨干涉和正确的意见，只知道一味反抗，必然会造成严重的后果。

那么，像邓武这样有自我分化问题的人，该如何去改变现状呢？

1. 将感受与现实分化开来。

感受是大脑对事实信息加工筛选后得到的感知，与事实本身是有所差异的。自我分化不佳的人经常对感受深信不疑，使得他们产生了扭曲的甚至是虚假的认知。所以这类人应当用心体会和分辨自己的感受，再回想这种感受是由什么事情

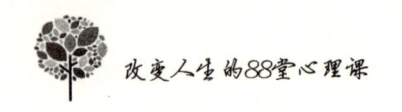

引起的，继而要告诉自己，感受就是感受，不代表真实发生的事情，才能避免自寻烦恼的结果。

2. 将理智与情绪分化开来。

自我分化不佳的人在处于情绪激烈变化的情境时，一定要多问自己一句："现在起作用的究竟是我的情绪，还是理性的想法？"这个问题的答案能够帮自己辨识出哪些行为是一时冲动造成的，哪些又是自己深思熟虑的结果。之后，我们可以反复对比这两类行为引发的后果，让自己意识到冲动的害处，以后再处理问题时，就不会轻易被情绪操控而做出让自己后悔的选择。

3. 将自己和他人分化开来。

自我分化不佳的人要注意将自己和他人分化开来，特别是要注意不能让父母、伴侣控制自己的决策、决定自己的人生。如果他人想要左右自己的决定，我们应当坚定地表达自己的感受和意愿，以便让对方知道，我们已经具备了负责任的能力，能够勇敢地面对自己的问题并承担责任，同时也能够客观地评价自己与他人的关系。这样才能逐渐建立起健康的界限，从而帮助我们解决好关系中出现的各种问题。

摆脱操纵，找回关系中的主动地位

在一段关系中，你是否感觉自己总是被人操纵着？虽然你很不情愿，但最终还是在对方的支配下做了自己不想做的事情？你是否想过要摆脱束缚，却只会让自己在关系中越陷越深？这种情况就是美国心理学家哈丽雅特·布瑞克所说的"操纵与被操纵"。操纵者会以情感为武器支配和强迫被操纵者，而被操纵者的心理界限虽然遭到了严重侵犯，却没有摆脱操纵的能力。

第九章　守住界限，在关系中保持自我

文静人如其名，是一个十分温柔、文静的女孩，她从小就是一个乖乖女，对父母一直言听计从。

从上初中起，父母整天叮嘱她不能早恋，以免影响学习，她一直十分听话，父母也非常放心。上大学后，有不少男孩向她表示过好感，她也遵照父母的要求全部拒绝了。

毕业后，她本想去时尚杂志社做编辑，但父母坚决不同意，她也只好作罢。随后，她接受了父母的安排，进了一家国企工作。

因为平时工作比较轻松，她想利用业余时间学一些技能，但父母总是催着她去相亲。这次她真的忍不下去了，直接与父母摊牌，说自己没有这么早结婚的打算。哪知一句话惹恼了父母，父亲对她大吼大叫，说她不识好歹，母亲则反复劝说，似乎她不按照他们的安排行事就是"大逆不道"。

文静心中十分委屈，也不明白父母究竟是怎么想的，上学的时候拼命阻止她谈恋爱，现在却迫不及待地要把她嫁出去。她觉得父母需要的不是一个快乐、幸福的女儿，而是一个只知道执行命令的"牵线木偶"。

很显然，文静已经成了心理操纵的受害者，父母不停地践踏她的心理界限，操纵她的一举一动，不希望她表现出独立性和自我意识，这不禁让她感到十分痛苦。讽刺的是，文静的父母或许并没有意识到自己的行为有什么不妥，他们只是本能地在进行操纵，无形中满足了自己对控制感的需求。

对于被控制者来说，想要摆脱被动地位，首先要学会识别操纵手段，特别是那些打着"都是为你好"旗号的隐性操纵手段。

根据哈丽雅特·布瑞克的研究，操纵者常用的手段有以下几种。

第一，取悦。操纵者会表现得讨人喜爱，他们会用赞美的话语掩盖自己的要求，还会用"这是因为爱你"来合理化自己的要求。

第二，冷战。如果我们不答应要求，操纵者的态度就会变得非常冷漠，会用冷暴力的方式逼迫我们就范。

第三，强迫。强势的操纵者还会采用大吼大叫、威胁等方式对我们施加压力，强迫我们按照他所说的去做。

第四，劝说。弱势操纵者会通过反复陈述各种理由、摆出各种理想结果来说服我们，但很多时候，这些理由根本站不住脚。

第五，退行。有时操纵者还会采用耍赖的方式胡搅蛮缠，如在达不到要求的时候，他们会像孩子一样撒娇或生闷气。

第六，自贬。操纵者还会故意贬低自己，甚至会用施展"苦肉计"的方式来激起我们的内疚感，使我们不得不答应要求。

除了上述这几种手段外，高明的操纵者还可能使用更复杂、更具欺骗性的手法，让被操纵者不由自主地深陷其中。那么，被操纵者为了捍卫自己的心理界限，又该如何应对呢？

1. 要清晰地认识自我。

我们只有充分了解自己、接纳自己、信任自己，才不会在受到操纵时产生自我怀疑、自我否定的心理，也就不会总是陷入被支配的地位。

2. 要确保对方知道我们的底线在哪里。

我们应当让操纵者知道，哪些行为是我们无法容忍的，而我们为了维护界限将会采取什么样的行动。在界限的保护下，我们会敏感地意识到自己正在被操纵，也才能够保持清醒，不会一步一步陷入被动局面。

3. 要严肃地表达自己的态度。

当操纵者用各种隐蔽手段包裹自己的目的时，我们应当及时识别并揭露他们的真实意图，使他们知道操纵手段对我们是无效的。同时，我们应当表明态度，告诉操纵者自己绝对不会让步，也不会接受任何借口，如此一来，操纵者也只能放弃自己的意图。

不做取悦者，学会对有些事情说"不"

如果他人对你提出了一些不合理的要求，想让你承担一些分外的责任，你能够斩钉截铁地对其说"不"吗？在生活中，有不少人做不到这一点，他们虽然心里十分不情愿，却不想让他人失望，所以不肯开口说"不"，这类人被心理学家称为"取悦者"。

米华在大学毕业后进入了一家广告公司实习。她从小就是一个乖乖女，父母一直教育她要与人为善，搞好人际关系。这次去实习，父母也特别叮嘱她要勤快一些、热心一些，千万别得罪人。

米华谨遵父母的教诲，进入公司后，她处处为别人着想，做了不少好事。同事们发现这个新来的女孩特别老实，还很好说话，于是毫不犹豫地找她办事。有的同事中午下班不想出门，就让米华帮自己带饭。有的同事下午赶着下班，没做完的工作都推给米华……

次数多了，米华也觉得很累、很烦，可她想起自己初来乍到，是该给同事留点好印象，所以无论多过分的要求，她都没有拒绝。渐渐地，她原本真诚的笑容消失了，工作态度也没有以前那么积极了，她一边不情愿地做着不属于自己的事情，一边在心里安慰自己："算了，再忍一忍，过了实习期就好了。"

然而，实习期才过一半，她就被通知不用去上班了，原因是她寄送的一份快递填错了地址，给客户造成了大麻烦。米华觉得十分委屈，因为那件事本不属于自己的职责范围，她因为一时好心给同事帮忙，造成的责任却要自己来扛。

然而，没有人愿意听她的辩解，同事也不肯为她做解释，最终她只能带着满心遗憾离开了公司……

米华就是典型的取悦者，她脾气温和，总是很在乎别人的感受，不懂得拒绝别人的请求，可这样做却没能赢得他人的尊重，反而给自己造成了麻烦。

在心理学家看来，米华这样的取悦者在认知、行为、情感方面都存在一定的谬误。比如，在认知方面，取悦者会把个人的价值感建立在"能够为他人付出多少"之上。别人的一句夸奖会成为他们最大的动力，驱使他们孜孜不倦地做能够取悦别人的事情。在情感方面，取悦者总觉得自己需要为他人的情绪感受负责，担心拒绝别人会让别人感到伤心、失望，所以不忍心说"不"。在行为方面，取悦者将满足他人变成了一种习惯，有时别人一提出要求，他们甚至不会去思考这样做的后果，便会一口应允。

取悦者在进行自我调整时，需要从认知、行为、情感入手，才能改变被动的局面。

1. 调整认知，不必过于在意他人的认可。

取悦者应当意识到自己不是完美的或全能的，不可能满足所有人的需求，也不可能让每个人都认可自己、喜爱自己。所以在他人要求自己做能力范围外的事情时，应当果断地说"不"，并向对方说明理由，承认自己确实做不到这件事。

2. 整理情感，不必为他人的感受负责。

取悦者应当整理好自己的情感界限，不要让自己习惯性地揣摩他人被拒绝后的感受，更不应该为此产生强烈的内疚感和羞愧感。这种"过度移情"，会让自己陷入负面情绪之中。其实，友善的、技巧性的拒绝并不会给对方带来特别严重的情感伤害，我们不妨多学习这方面的沟通技巧，委婉地表达拒绝之意，就不会造成不快。

3. 调整行为，不必在第一时间给对方答复。

在对方提出要求后，取悦者一定要改变自己脱口而出答应他人的坏习惯，要先抑制住自己的冲动，拖延一下时间。比如，取悦者可以这样说："要不我晚点给你答复，好吗？"这样的做法可以给自己创造一个缓冲的机会，使自己不必直面拒绝的尴尬。

当然，我们有时难免会碰上难缠的求人者，他们会不断施加压力，迫使我们屈服。此时，我们要保持心平气和，始终维护自己的底线，不向对方妥协，才不会又一次沦为取悦者。

停止过度依赖，重获对人生的掌控感

每个人都有不同程度的依赖心理，著名心理学家罗伯特·伯恩斯坦将依赖划分为适度依赖和过度依赖。

适度依赖是一种融合了亲密感和自主感的依赖状态，依赖者仍然保有强大的自我意识和界限感，不会让自己完全依附于人。在有需要的时候，他们愿意请求别人的帮助，不会因此产生自责心理。

可过度依赖就完全不同了，依赖者的自我界限已经完全丧失，所有的感受、需求、言行都会不由自主受到他人的影响，在做出选择时也要寻求他人的同意，而且他们很害怕被对方抛弃，会表现得非常黏人。

27岁的刘健虽然已经工作了几年，却总像一个大孩子似的，十分依赖自己的父亲。

在刘健上小学的时候，母亲因病去世，留下他和父亲相依为命。父亲对儿子十分宠爱，方方面面的事情都考虑得十分周到，生怕孩子受委屈，可无形中也让孩子养成了依赖的心理。

随着儿子一天天长大，父亲慢慢发现了问题。刘健无论做什么事都要让父亲拿主意，自己却始终不能独立。大学毕业后，他不敢自己找工作，还是父亲托关系找人，才安排他进了一家企业。可刘健又觉得工作环境不理想，没做多久就主动辞职了。父亲虽然很生气，却还是想办法求人，又给他找了一份新工作……

没想到工作的问题才解决，刘建又让父亲帮自己参谋着找女朋友，平时吃、穿之类的生活琐事也总要父亲帮忙。父亲觉得这样不是办法，苦口婆心地教育刘健要学会自己生活，做一个真正的男子汉，可刘健却当场情绪崩溃，说父亲嫌弃自己、不想要自己……

刘健对父亲的依赖显然就是超越界限的过度依赖，作为一个成年人，他极度缺乏自主性和独立性，把父亲当成了唯一的精神支柱，无论是重大问题还是生活小事都要依赖于父亲的帮助，自己却不能做出决定。而且他很没有安全感，渴望时时、处处受到父亲的照顾，非常害怕分离。

这种过度依赖的形成和家庭环境、家庭教育有着密切的关系。比如，父母对孩子过分宠溺，把本该由孩子自己决定的事情全部揽到自己身上，使孩子慢慢丧失了独立的能力，长大成人后就会变得懒惰、软弱、依赖性强。

那么，有过度依赖问题的人应当如何进行自我矫正呢？

1. 打破依赖习惯。

我们可以梳理一下自己的日常行为习惯，看看其中有哪些行为是依赖他人完成的，哪些行为是自主决定完成的。接下来，我们可以将这些行为记录在一张表格上，在自主决定的行为后面画上"√"，依赖他人的行为后面画上"×"，再分别统计一下数量。然后要求自己每天减少一个"×"，增加一个"√"，如此便能逐渐打破依赖他人的习惯，提升自主性和独立性。

2. 重新建立自信。

过度依赖会让人无法正确评估自己的能力。比如，有的人总是把"我一个人不行"之类的话挂在嘴边，而这只会让依赖心理不断增强。所以，我们要停止这种自我贬低，要学会正视自身的能力，让自己变得自信、积极起来，能够独当一面，也可以安然度过独处的时光。只有做出这样的认知调整，我们才能够从内心深处认同和信任自己，而不会总是想着要依赖他人才能够维持生活。

3. 改变关系模式。

如果在自己身上发现了过度依赖的苗头，我们还应当询问自己这样的问题："我在这段关系中扮演什么样的角色？""我与对方的关系究竟是按照什么样的模式在运转着？"这种自我审查和反思，能够让我们看清楚自己在关系中所处的地位。

如果发现自己已经成了关系中十分被动的角色，我们就应当积极调整，找回自己对人生的掌控感。比如，我们可以试着掷地有声地说话，或是对一些事情果断地做出决定，并勇敢地承担后果，从而逐渐扭转被动局面，使我们不会总是依赖于他人、听命于他人。

化解冲突：开诚布公，卸下心防

在各种人际关系中，我们难以避免地会与他人发生矛盾和冲突。这不仅是因为双方对于个人责任、权利、界限的认知有一定差异，更是因为彼此之间缺少必要的沟通和了解。因此，我们应当接受心理学家的建议，与对方进行开诚布公的沟通，使对方能够卸下心防，才能调和矛盾、减少乃至消除冲突。

张璐和魏涛新婚不久，原本关系非常亲密，可最近一段时间，张璐却对魏涛产生了不满。

原来，张璐是一个勤快、爱干净的女孩，每天都把房间打扫得十分整洁。可魏涛在生活上却有些大大咧咧，不但没有给张璐帮忙，反而把脏衣服、脏袜子到处乱扔，又在光亮的地板上踩下脚印，张璐只好不停地跟在他后面收拾。

次数多了，张璐心中自然很不高兴，她本想狠狠责备魏涛一顿，可转念一想，自己要是带着情绪去沟通，可能会让魏涛觉得自尊心很受伤，到时不但解决不了问题，还可能引起不必要的冲突。

于是，张璐好好思索了一番，找了个时间邀请魏涛谈一谈，她认真的态度让魏涛受到了感染，同意开诚布公地进行谈话。之后，张璐以坦诚的态度说出了让自己烦恼的问题，还将自己的感受摊开来讲给魏涛听。她的语气不带一点抱怨的意味，魏涛却觉得十分惭愧。他不好意思地说："对不起，是我太粗心了，我不应该把打扫房间的责任都推给你，以后我会负起责任来的，你看我的表现吧……"

我们不妨试想一下，如果张璐带着怨气指责丈夫不分担家务，还给自己添麻烦，丈夫会有怎样的反应？幸好她是一个善于处理矛盾和冲突的人，没有选择争吵、退让、冷战等消极的方式去解决问题，而是勇敢地跨出了第一步——主动邀请丈夫进行沟通。沟通让丈夫认识到了自己的错误，并能够主动检讨，问题也得到了较好的解决。

当然，想要让沟通起到如此理想的效果，我们需要做好以下这几个方面。

1. 找到双方需要的平衡点。

在人际关系出现矛盾和冲突时，我们需要先冷静下来，倾听自己的心声，发现自己的核心需求，再设身处地地考虑对方的真实需要，这样才能找到一个"平衡点"。之后，我们可以由这个"平衡点"入手展开对话，有助于减少对方的抵触心理，让对方更容易接受我们的提议或要求。

2. 采用更加婉转的说法。

在进行沟通时，我们要注意避免采用批评或指责式的态度，以免引起对方的反感，导致问题变得更加严重。因此，我们可以用一些婉转的说法来代替直白、生硬的说法。比如，可以在某些方面先肯定对方，让对方放下心防。再如，可以先为自己做得不到位的地方道歉，以暗示对方也应当这样做，像这样的沟通方式往往能够起到非常理想的效果。

3. 用情感打动对方。

我们可以把自己的感受详细地描述给对方听，使对方能够感同身受，之后，我们可以陈述一下自己的要求、期望，再向对方指出这样做的好处。如此一来，对方会意识到他的选择是非常重要的，能够对双方产生很多积极的影响，所以他会更加愿意做出改变。

当然，一次沟通不一定能够让问题得到彻底的解决，对此我们不必心急，不妨多给自己和对方几次机会，并可以适当调整沟通策略。随着沟通的深入，双方之间的误解得到澄清，关系也会慢慢出现转机。

投射效应：不要在关系中以己度人

在与人相处的时候，你会不会从自身的喜好出发，认为他人也应当具有相似的喜好？你会不会将自己的想法、态度强加于人，认为别人的想法就应该是自己所想的那样？这种情况就是心理学家所说的投射效应，它容易引发认知偏差，使我们对他人产生错误的看法和不良的态度，更会严重影响人际关系的和谐。

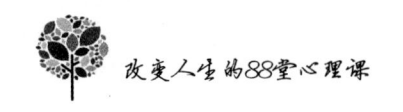

一对夫妻结婚已满 20 年,虽然一直在一个屋檐下生活,但夫妻俩早已貌合神离、感情淡薄。

眼下,孩子即将离家上大学,丈夫觉得没有什么必要再维持这段冰冷的婚姻,便向妻子提出离婚。妻子犹豫了一番,最终还是同意了丈夫的请求。

就在二人准备出发办手续的时候,妻子忍不住问了一句:"你对我到底有什么不满意的?"

丈夫摇头苦笑道:"其实你是一个好女人、好母亲,可我觉得你不够关心我。这么多年了,你连我最讨厌吃萝卜都不知道,几乎每顿都有萝卜……"

妻子震惊极了,忍不住大叫道:"萝卜不好吃吗?我以为你喜欢,才顿顿做给你吃……"

这位妻子就犯了投射效应的错误,她直接将自己的感受、想法投射到丈夫身上,认为自己爱吃的东西,丈夫肯定也喜欢,这种忽视自己与他人差别的投射就是相同投射。

除此以外,投射还有愿望投射和情感投射。愿望投射是将自己的主观愿望强加于人,如自己对对方关心备至,就渴望对方用同样的方式回应自己,对方不这么做的话,自己就会感到沮丧、失望。

情感投射是将自己的情感投射到他人或某些事情上,如"爱屋及乌"就是典型的情感投射,会让我们失去对人、对事的客观认知。

投射效应有很多害处,我们在人际交往中一定要尽可能地避免投射效应对自己的影响。

1. 分清界限,尊重他人的感受和想法。

由于家庭教育、成长环境、人生经历各不相同,每个人对人和事物的感知是不同的。我们不能习惯性地以己度人,而是应当充分地尊重对方的感知、意愿和界限。特别要注意不能因为自己的出发点是好的，就想当然地认为某些事情一定会是对方需要的，这种一厢情愿的做法只会引起对方的反感。

2. 放低期待，避免愿望投射。

在一段关系中，我们不能强求他人按照自己喜欢的方式对待自己，而是应当放低期待，学会用平常心来应对，才不会总是产生"我的付出没有得到应有回报"的想法。当然，我们也要避免一味地向对方索取，却不在乎对方的需求，这其实是对对方界限的一种侵犯，也会让情感关系失去和谐。

3. 调整认知，全面看待人和事。

为了摆脱情感投射的影响，我们需要更加客观地分析人和事，而不能因为已有的好恶就做出过于草率的决策。比如，因为反感某个人，就尽量避开与此人有联系的一切人和事，这会让我们错过值得交往的人，更有可能失去不少有利于个人发展的机会。

所以，我们一定要及时调整这种狭隘的认知，要对人和事做出理性、公正的评价，才能避免在投射效应的影响下做出错误的判断。

享受独处：花点时间看见自己

你害怕独处吗？有很多人不喜欢独处，在不得不一个人待着的时候，他们会感觉空虚、慌乱、无所适从。心理学家拉尔森将这种情况称为"非自愿独处"，指的是人们迫于外界条件的限制，不得不选择独自一人。此时，个体会有更多的消极体验，如孤独感、挫折感、失落感，等等。

26岁的刘敏是一个不能忍受"孤独"的人。每天在单位上班的时候还好，但在下班回到独自租住的小屋后，她就会觉得焦虑不安。所以她每天下班前都会打很多电话联系朋友，想找人陪自己一起吃饭、逛街、看电影，以打发漫漫长夜。

如果实在找不到人陪伴，她回到出租屋后，要做的第一件事情就是打开电视机。哪怕她对正在播放的电视节目毫无兴趣，也想听听电视里发出的各种声音，这会让她稍微感觉心安。

可有时候电视也无法带给她安全感，她会坐立不安，在卧室、客厅来回走动，不知道做些什么才好……

案例中的刘敏缺乏独处的能力，而这种能力的缺失可能要追溯到孩童时期。心理学家通过研究发现，8到11个月的孩子会和母亲建立一种特殊的情感连接，倘若母亲长时间不在身边，或是没能较好地回应孩子的需求，孩子就会产生焦虑、痛苦等负面情绪。这种情感创伤会对个体产生深远的影响，即便个体已经成年，在独处时仍然会被唤起这种负面的情绪体验，所以他们特别需要他人的陪伴。

除此以外，个体在成长过程中遭遇的分离经历（如亲人离世、人际关系破裂、子女长大离家等）也会让孤独感增强，让个体害怕独处。

不过，在生活中也有一些人很享受独自一人的感觉，他们能够安然处之，并会有积极的情绪体验。独处对他们不但不是折磨，反而是一种难得的享受。拉尔森将这种情况称为"建设性独处"（也叫"积极独处"），指的是个体愿意主动选择独处，在独处的过程中，个体会有更高的自主性和积极体验。

那么，一个"非自愿独处者"应当如何进行自我调节，让自己能够逐渐学会积极地独处呢？

1. 发现独处的意义。

人们往往会把善于交际看成是一种能力，其实能够享受独处也是一种能力，而且它会给个体带来很多好处。

（1）有助于厘清思维。独处的时候，我们可以让自己放松下来，慢慢地分析从外界接收的复杂信息，对其进行消化、分辨和整理，可以让思维变得更加清晰，并能够实现认知升级。

（2）有助于自我认同。很多人习惯从外界获得认同感，内心却极度缺乏自我认同，不利于有效地建立信心和自尊。而在独处的时候，我们可以暂时离开外界和他人，可以尝试客观地认识自我，有可能找到更多的自我认同的力量。

（3）有助于感知情绪。很多时候我们的情绪发生变化，是因为受到了他人的影响，被"传染"上了积极或消极的情绪体验。所以我们很需要独处的时间，让自己能够好好感受情绪的变化，并建立起"情绪界限"，不要总是被别人的情绪波及。

2. 审视自己的不适。

了解了独处的意义之后，我们应当改变自己对独处的认知，减少对独处的抗拒感。之后，我们可以进行自我观察，找到自己无法独处的真正原因。

比如，我们可以分析一下自己在独处时所做的事情，并可以把脑海中挥之不去的消极想法和情绪感受用具体的言语写下来，从而找出自己真正害怕和焦虑的是什么。

再如，我们可以集中注意力与自己对话，反思自己平时的言行，进而发现自己的不足，有助于个人的进步。

3. 逐渐习惯独处。

在独处的时候，我们应当避免进入无所事事的状态。此时，不妨做一些平时想做却没有时间去做的事情，如听音乐、看电影、唱歌、读书、涂鸦、做手工，等等。这样我们就能把独处和积极的情绪联系在一起，自己也会慢慢喜欢上这种感觉。

当然，对独处的适应应当按照循序渐进的原则去进行，最初可以尝试独处几分钟，等到适应后再一点点延长时间。经过一段时间之后，独处时间即使超过几个小时，我们也不会感到焦虑、忧愁，情绪也会变得更加乐观。

4. 在独处与交往之间自由切换。

当我们逐渐学会享受独处后，也要注意把握独处的尺度——不要过分沉溺于独处中，却忽略了与外界的接触。所以，在一段时间的独处之后，我们也要注意和他人建立联系，使自己能够从群体中汲取温暖和力量。

心理学家认为这是一个人走向情感成熟的重要标志，也就是说，成熟的人可以自由选择参与社交或享受独处，无论在哪种情境中，他们都能很好地保持自我。

在独处时，他们便好好享受一个人的时光，运用这段时间来反思和提升自我，使自我变得更加完善。而在社交场合，他们也能够把握好自己和他人之间的界限，在各种关系中表现得游刃有余。

这种在独处与交往之间自由切换的能力正是我们每一个人都需要的。我们应当有意识地提升这种能力，这将让我们拥有一个更加积极、惬意的人生。